U0740804

FUNGI

DK

DK真菌

蘑菇背后的惊人科学

[英] 琳恩·博迪　[英] 阿里·阿什比 著　　刘一鸣　赵彤　杨平 译　　赵国柱 审

中国纺织出版社有限公司

毛状小皮伞
Marasmius capillaris

目录

紫蜡蘑
Laccaria amethystina

一种非常美丽的蘑菇，其深紫色的菌帽与菌柄常具有欺骗性。然而，当这种蘑菇失去水分后，原本鲜艳的颜色会逐渐褪去，变为淡灰色，甚至近乎白色，这无疑增加了辨认它的难度。

在我们的脚下，仅仅一茶匙分量的林地土壤（重量约为1克），便藏匿着绵延100米长的真菌菌丝。因此，当我们悠然地进行短程散步时，脚下这片土壤中菌丝的总长度足以环绕地球赤道数圈之多。

真菌曾被归类为植物，但它们现在被认为是一个独立的生物王国。据科学家估测，全世界共有约500万种真菌。小至用显微镜才能观察到的酵母菌和极细的菌丝网，大至蘑菇、马勃菌和多孔菌等，都属于真菌。

引言

真菌是什么

真菌既非植物，也非动物，而是一个独立的生物王国。从深海洞穴到餐桌果盘，它们广泛分布于地球的各个角落，甚至构成了人体微生物群的一部分。真菌被归类为微生物，包括酵母和丝状真菌等。例如，酵母菌形成独立的细胞，其直径大小通常为3~4微米，但最大可达40微米；而丝状真菌则形成被称为菌丝的微观管状结构。这些菌丝由一个或多个长度各异的细胞组成，厚度只有几微米，比人类头发还要细约40倍。

当干酵母获得水分，或者当真菌孢子被层层叠加而形成孢子印时（见第172~173页），我们就能看见它们了。不过，我们需要借助显微镜才能观察到它们的细节。当菌丝聚集在一起，例如生长在食物上或枯木底部时，我们便可以用肉眼观察到它们。这些菌丝聚集形成可见的子实体，同时也会形成被称为菌丝体的网络。菌丝体往往极为微小，但扩散生长的范围十分宽广。世界上最大的生物之一就是真菌的菌丝体（见第36页）。

主体结构：菌丝体

树木的主体结构由根系、树干以及枝条组成。同样，丝状真菌的主体结构由精细的菌丝组成，菌丝形成的网络被称为菌丝体，这些菌丝体往往难以被肉眼观察到。与植物不同，真菌无法通过自身的光合作用制造"食物"，而是必须寻找和消化死亡的有机物质，或者从其他活的植物或动物身上获取营养。

真菌的果实：蘑菇

苹果是苹果树的果实，梨是梨树的果实，尽管苹果和梨的结构不同，但它们都具备产生、保护和传播种子的功能。同样，蘑菇、伞菌、地星菌、盘菌、珊瑚菌、马勃菌等，以及其他众多类型的真菌，它们作为特定真菌的子实体，肩负着生产、保护和传播真菌孢子的使命，帮助真菌传播至新的生存环境中。

关键术语

科学家们会使用专业术语来描述真菌，其中许多术语已在此书正文中进行了阐述。想要了解这些关键术语的基本含义，请查阅第288~290页的术语词汇表。

绯红肉杯菌
Sarcoscypha coccinea

绯红肉杯菌的杯状果实通常隐藏在森林地面的落叶之下，生长在腐烂的树枝上。这些杯状果实直径可达4厘米，内部孢子的表面呈鲜红色。果实通过一个短柄与基质相连。

某些真菌种类的菌丝体一生中仅产生一次子实体；而有些种类仅在每年的短暂时间内形成子实体，并持续多年；另外一些种类的子实体则能够连续数月甚至数年产生孢子。

不只是蘑菇

所有蘑菇都是真菌，但并非所有真菌都是蘑菇。蘑菇主要是一些担子菌纲真菌的子实体。虽然它们只是真菌生命的一小部分，却是许多真菌生长过程中的关键环节。作为大多数真菌的主要部分，菌丝体的作用不容忽视。

翻阅本书，你会发现有些真菌能够在黑暗中发出荧光，有些则能演奏悦耳的音乐，还有一些真菌以线虫为食，另一些真菌则具有吸收辐射或分解塑料的特性。此外，还有许多真菌可以产生用于工业生产的宝贵酶类，很多真菌是动物的食物来源，其中一些可供人类食用，另一些则具有致命的毒性。数世纪以来，一些蘑菇因被认为具有药用价值而为人类所用，另一些蘑菇则被用于人类的精神调节中。

还有些真菌具有导致植物患病甚至死亡的能力，另一些真菌则会对其他生物产生不良影响。若无法与真菌建立有益的共生关系，大多数植物和大量动物将无法在自然界中生存。某些真菌具有分解死亡动植物，甚至分解我们的房屋结构的能力。可以说，它们是地球上最优秀的回收者，没有它们，死去的树木和其他有机物中的营养物质将无法得到循环利用，也不会有新的植物生命得以生长的肥沃土壤。

这本书并非只介绍蘑菇，也并不是一本只能用于鉴别蘑菇的工具书。这是一本为充满好奇心的人们所著的书，适合那些希望深入了解"真菌王国"的人们。在这本书里，不仅可以了解真菌的分类和功能，还能了解它们对我们人类所居住的地球产生的影响。

这本书为何如此重要呢？有一点是确切无疑的：没有真菌，我们人类就无法在地球上生存。

红毛盘菌
Scutellinia scutellata

第一章

神奇的
真菌世界

什么是真菌？真菌王国又是如何形成的？让我们带着好奇心，去了解真菌与其他生物之间的巨大差异，探索真菌的种类、地点以及在自然界中的角色。

真菌与动物的关系比与植物的关系更为密切。它们早在大约10亿年前就出现在我们的星球上了。

地球上的生命始于约35亿年前，但并非我们所熟知的生命形式。那时，生命由简单的单细胞生物开始逐渐演化，进化出更复杂的细胞，其中一些细胞构成了形成真菌的基础。

真菌王国的崛起

最初，简单的生命体生活在被称为生物膜的黏滑垫上。经过近20亿年的演化，这些单细胞生物逐渐演变为更复杂的真核细胞。这类细胞拥有一个含有遗传物质的细胞核和一些细胞器，每个细胞器都具备特定的功能：例如，线粒体有助于产生能量，内质网负责加工蛋白质，高尔基体负责加工和运输蛋白质，溶酶体用于降解蛋白质和细胞器，过氧化物酶体则用于清除过氧化物。这些真核细胞的共同祖先进化出了新的特征，使得它们能够转化为我们今天所熟知的植物、动物和真菌细胞形态。

真菌是何时出现的

科学家们可以通过遗传物质中突变发生的速率，即"分子钟"和化石估算关键性进化事件发生的时间。研究结果显示，简单的植物形态最早从单细胞生物中分化出来，大约6亿年后，真菌和动物才出现。这意味着真菌与动物的关系比与植物的关系更为密切。同时，根据这些数据，我们可以推断真菌大约在10亿年前首次出现在地球上。

最初的真菌是什么样的

最初的真菌是单细胞的水生生物，它们能够形成简单的结构承载孢子。当今一些真菌类群仍然具有与原始形态相似的特征，其中包括壶菌门（Chytridiomycota，见第14~15页）、微孢子虫门（Microsporidia）和隐真菌门（Cryptomycota）的真菌。

混杂的生命形式

在早期地球的古老生物膜群落中，细胞之间相互接触、交换内容，甚至相互吞噬，这种进化的"试错法"导致了生物特征的混合。事实上，一些最原始的群体，如卵菌和黏菌（见第20~21页），并未被归为植物、动物或真菌。

这个拥有超过500万种物种的王国有着众多不同类型的真菌"家族"：从单细胞的酵母到生长在植物或动物细胞内的微观物种，再到这个星球上一些庞大的真菌生物体，不一而足。

真菌王国有哪些成员

壶菌门（Chytridiomycota）

壶菌是一种微观生物，分布于盐水、淡水、河口和湿润的土壤中。与大多数真菌不同，它们的身体呈球形，具有从底部延伸出来的菌丝，称为假根。很多壶菌生长在已经死亡的生物体上，但也有一些会侵入活体植物或动物细胞内，引起疾病。

捕虫霉门（Zoopagomycota）

这类真菌专以猎杀无脊椎动物为生。当大量的菌丝从它们所杀死的昆虫体内伸出，或者在昆虫尸体周围形成一层"孢子地毯"时，你就可以看到它们了。

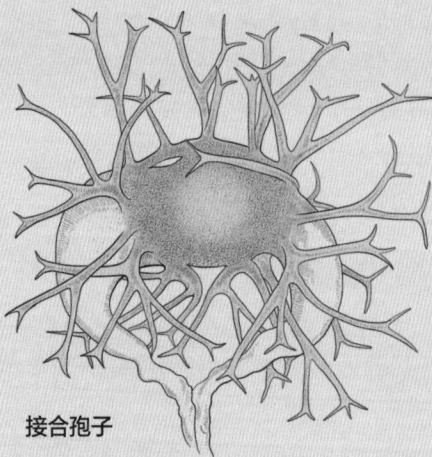

接合孢子

毛霉门（Mucoromycota）

毛霉门也是真菌界的一类真菌，它们以死去的植物和动物为食。当它们的菌丝生长出来时，你就可以看到它们。它们还会产生微小的黑色孢子，例如在面包或动物粪便上发现的毛霉菌。另外，同属于真菌的球囊菌亚门（Glomeromycotina）会与植物的根系形成重要的共生关系。它们是微观的，不会产生子实体，但能在土壤中产生孢子。

真菌界分为多个菌门，正如动物界中的哺乳动物、鸟类、爬行动物、两栖动物和鱼类等也有众多门类一样。每个菌门包含一组近缘物种，根据这些物种之间的亲缘关系还可进一步细分。

这里简述了几种主要的真菌菌门，至于其他类型的真菌，仍有许多科学未知之处。

子囊菌门（Ascomycota）

子囊菌门是真菌界最大的门类，目前已有记载的物种数量高达9.7万。它们能在不交配的情况下产生大量孢子。有些可以进行交配，并在一种被称为子囊的囊状结构中产生孢子，这也是该门类名称的由来。有些子囊菌会在微小的子实体中产生孢子，而有些则可以直接用肉眼观察到。

掌状玫耳
Rhodotus palmatus

小口盘菌
Microstoma protractum

担子菌门（Basidiomycota）

截至目前，科学界已记载了5.2万种担子菌。大多数担子菌在交配后的几天、几周，甚至数月内产生大型的子实体。它们在被称为担子的细胞上形成孢子，这也是该门类名称的由来。一些重要的担子菌植物病原菌，如锈菌和黑粉菌，并不会产生大型的子实体，但它们的生殖结构仍然肉眼可见。

无论是正在出芽的酵母细胞，还是从蘑菇等生殖结构中释放出的孢子，又或是组成真菌菌丝的细胞或细胞群，所有真菌细胞都具备相同的基本结构。

真菌细胞的构造

真菌细胞的主要结构特点是拥有由几丁质组成的细胞壁，该细胞壁包围着细胞膜，细胞内部存在被细胞膜包裹的细胞器，这些细胞器在细胞内执行特定的任务。

真菌细胞

真菌细胞与动物细胞都属于真核细胞，结构比细菌细胞更复杂。真核细胞内含有一个被细胞膜包裹的细胞核，其中包含遗传物质和各种细胞器。与动物细胞一样，真菌细胞并不含有叶绿体，而叶绿体是植物细胞中负责光合作用的重要细胞器。光合作用是一种利用太阳光能合成有机物质（植物细胞的养料）的生理过程。和动物一样，真菌不能自行合成食物，因此它们需要寻找食物并将其消化。

菌丝细胞

菌丝以顶端为起点向外生长，并形成新的分枝，进而形成一个叫作菌丝体的网络，这是丝状真菌的主要结构。在担子菌门和子囊菌门中，菌丝会形成垂直的隔板，称为隔膜。每个隔膜都有一个小的孔洞，足够让一些细胞器在相邻的细胞之间穿梭移动，从而确保菌丝内相邻细胞之间的信息交流。

什么是几丁质

几丁质是一种重要的结构聚合物，常见于昆虫和甲壳类动物的外骨骼中，这足以证明它相当坚韧。在真菌的细胞壁中，几丁质在维持菌丝强度方面起着重要作用，它能推动菌丝从林地破土而出，穿透树干，甚至穿透柏油碎石路面生长出来。

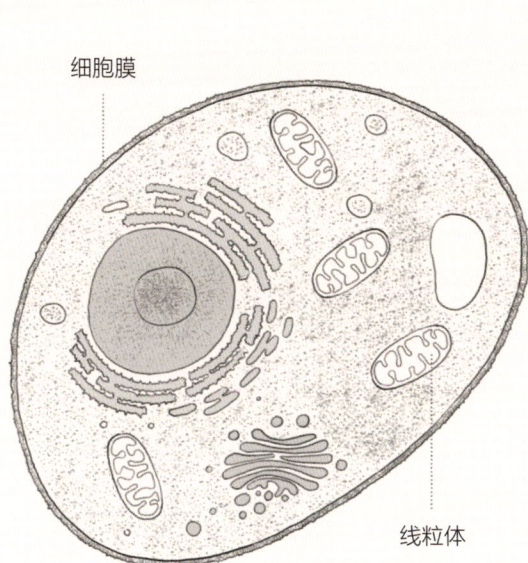

线粒体

细胞膜

细胞壁

液泡

细胞膜

叶绿体

线粒体

动物细胞：动物细胞不具有细胞壁，仅具有细胞膜。与植物细胞不同，它没有叶绿体。但动物细胞与真核细胞共有其他细胞器。

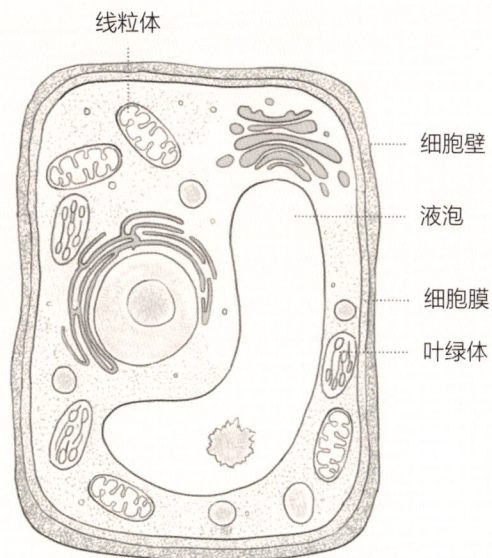

植物细胞：植物细胞具有富含纤维素的细胞壁，并拥有被细胞膜包裹的细胞器——叶绿体，其中包含能够捕获光能的色素叶绿素。此外，植物细胞还具有液泡，能为细胞提供结构支持，并参与储存和处理细胞中的水分、废物和有害物质。

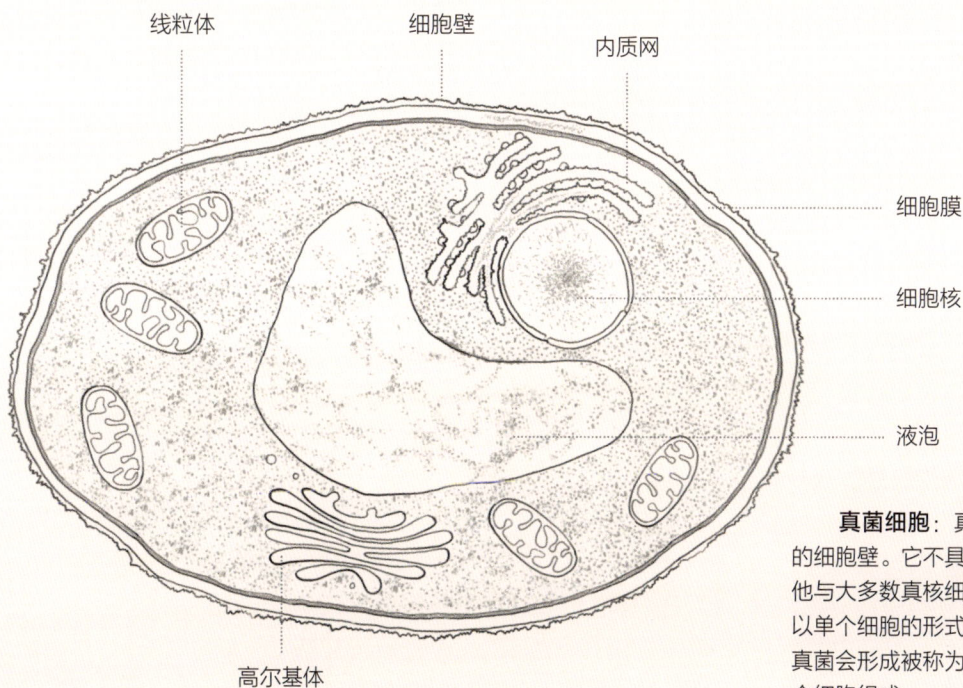

线粒体

细胞壁

内质网

细胞膜

细胞核

液泡

高尔基体

真菌细胞：真菌细胞具有由几丁质组成的细胞壁。它不具备叶绿体，但拥有液泡和其他与大多数真核细胞共有的细胞器。有些真菌以单个细胞的形式存在，例如酵母菌。还有些真菌会形成被称为菌丝的丝状结构，通常由多个细胞组成。

真菌会产生大量的孢子，作为其繁衍和传播方式。孢子通常有精致的生殖结构。真菌的繁殖过程（即真菌产生孢子的过程）主要分为无性繁殖和有性繁殖两种方式。

真菌的繁殖

真菌产生孢子的结构来源于丝状真菌的菌丝体，即其主体结构，或者来源于真菌的生存结构，如麦角菌。这些结构可以如微真菌产生孢子的结构那样是微观的，也可以如蘑菇一般肉眼可见。

真菌可以独立产生孢子，不需要与相容的"伴侣"进行相互作用，这一过程称为无性繁殖。无性繁殖可以产生大量孢子，并且孢子的遗传物质与亲本完全相同。就像它们拥有许多抽奖券，但每张券上的号码都是相同的。

真菌也有可能与同一种类的"伴侣"进行交配，这一过程称为有性繁殖。在这个过程中，两个相容的菌丝融合并分享遗传物质。虽然有性繁殖需要更多的能量，并且产生的孢子数量较少，但每个孢子都是不同的，包含了来自亲本双方的混合遗传物质。就像它们减少抽奖券的数量，但每张券上的号码都是不同的。

子囊菌扩展青霉（*Penicillium expansum*）等一些真菌只能进行无性繁殖，而其他真菌通常进行有性繁殖，如双孢蘑菇（*Agaricus bisporus*）。有些真菌还会定期同时进行无性和有性繁殖，例如子囊菌类的植物病原体芸苔埋核盘菌（*Pyrenopeziza brassicae*），它能引起油菜和其他芸苔属植物的轻度叶斑病。

为什么真菌的有性繁殖如此重要？既然在稳定不变的环境中，真菌的最佳选择是通过无性繁殖产生大量与亲本具有相同特征的后代，那它们何苦要改变这一成功的策略呢？那是因为，当真菌处于复杂多变或更具挑战性的环境时，如果它能够同时进行无性和有性繁殖，便能产生具有多种不同特征组合的孢子对冲风险，这样对真菌更有利。虽然有性繁殖的过程更加复杂，并且需要两个兼容的真菌个体之间的互动，但通过这种方式产生的孢子将具有新的特性，这些新特性有可能为真菌提供更大的生存优势。

毛霉属（Mucor）的性周期

毛霉属真菌具有两种不同的交配型，没有明显的特征区分雌雄，分别用标记为"+"和"−"。不同交配型的菌丝会相互吸引，形成特殊结构——配子囊，当两个配子囊融合在一起时，就会进行交配。

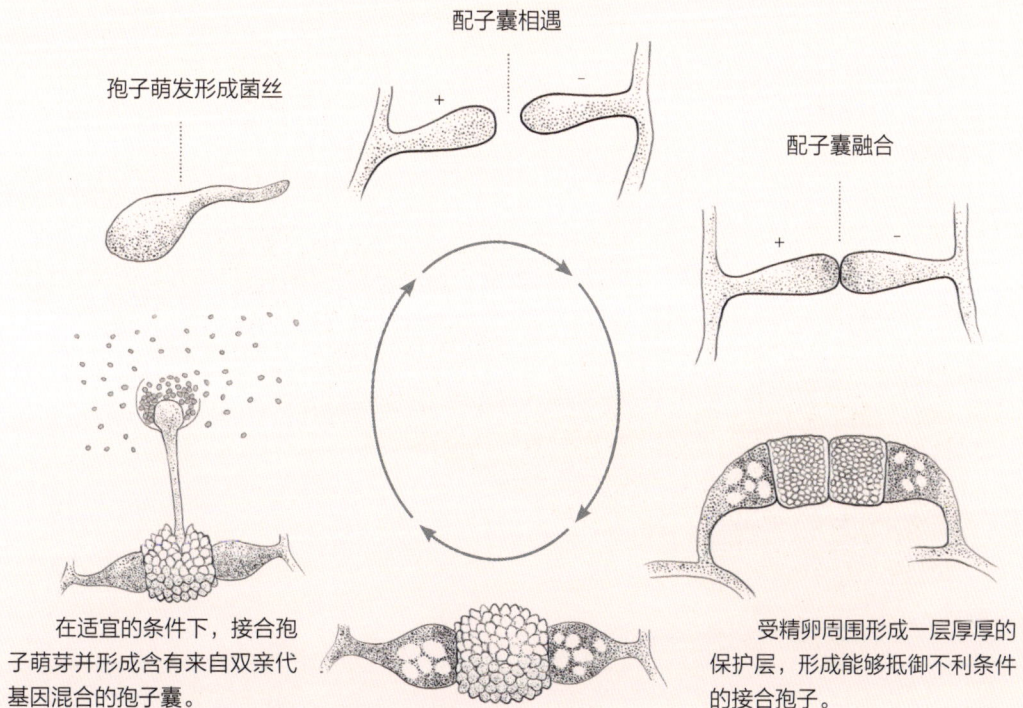

配子囊相遇

孢子萌发形成菌丝

配子囊融合

在适宜的条件下，接合孢子萌芽并形成含有来自双亲代基因混合的孢子囊。

受精卵周围形成一层厚厚的保护层，形成能够抵御不利条件的接合孢子。

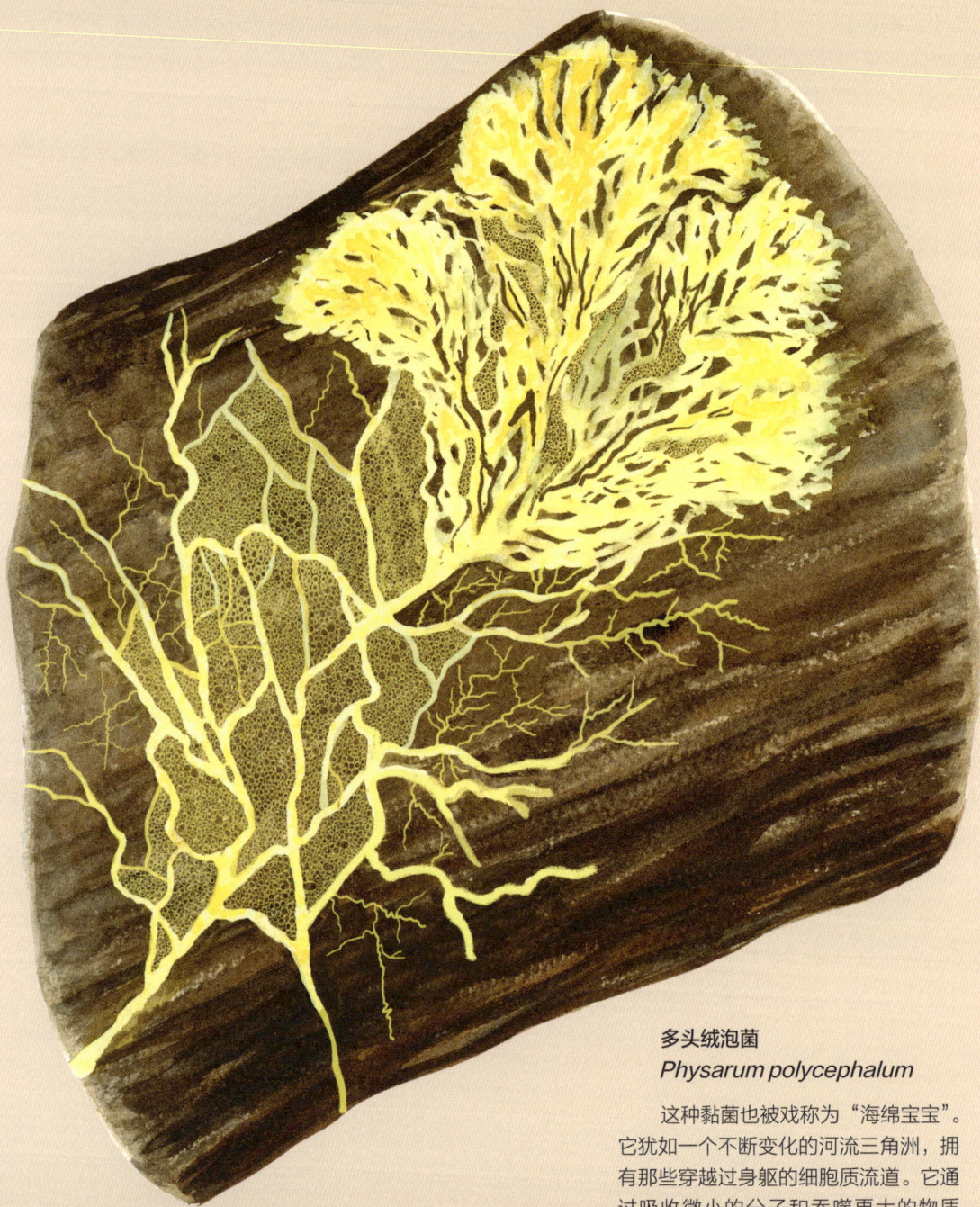

多头绒泡菌
Physarum polycephalum

这种黏菌也被戏称为"海绵宝宝"。它犹如一个不断变化的河流三角洲，拥有那些穿越过身躯的细胞质流道。它通过吸收微小的分子和吞噬更大的物质（包括整块的真菌子实体）来获取营养。

卵菌和黏菌通常在与真菌类似的生态环境中生长，生长方式也与真菌相似。然而，它们实际上并没有紧密的亲缘关系。

卵菌与黏菌

卵菌

水生霉菌的一类，它的细胞壁与植物一样含有纤维素。比起真菌而言，它们与硅藻和褐藻的关系更密切；但与真菌一样，它们都具有菌丝，这些菌丝从顶端和分枝生长，形成菌落。此外，它们也通过产生孢子进行繁殖。有些卵菌是分解者（见第38~39页），有些则是病原菌。最"臭名昭著"的卵菌可能是疫霉属（*Phytophthora*）物种，它们能引发毁灭性的植物病害。例如，分枝疫霉（*Phytophthora ramorum*）正在摧毁大片美国的加州橡树和英国的落叶松。

黏菌

有些黏菌的子实体看起来像微小的真菌子实体，有些生长在一碰就碎的脆弱的茎上，有些像一片黄色的呕吐物。黏菌生命周期颇为复杂，展现出多样化的身体形态，包括单细胞的变形虫和具有游泳能力的细胞。最引人注目的是，它们会转变为一种类似变形虫多核原质团。

尽管某些黏菌的体型非常小，但多头绒泡菌（*Physarum polycephalum*）的黄色黏液物质却能长到餐盘大小。如果将食物分散放置，这种黏菌能有效连接各个食物斑块，并在其间自由流动摄取养分。在一项有趣的实验中，科学家们把食物摆成了东京地铁车站的图案，结果这种变形虫成功连接起了各个"车站"，形成了一个与日本铁路网相似的网络。

马铃薯枯萎病

由致病疫霉（*Phytophthora infestans*）引起的一种毁灭性的马铃薯疾病，可导致马铃薯叶片黑化，块茎腐烂。这种疾病甚至改变了历史的进程。19世纪40年代末，它摧毁了爱尔兰大部分的马铃薯作物，引发了大规模的饥荒，导致超过一百万人死亡，另有一百万人被迫移民到北美洲。

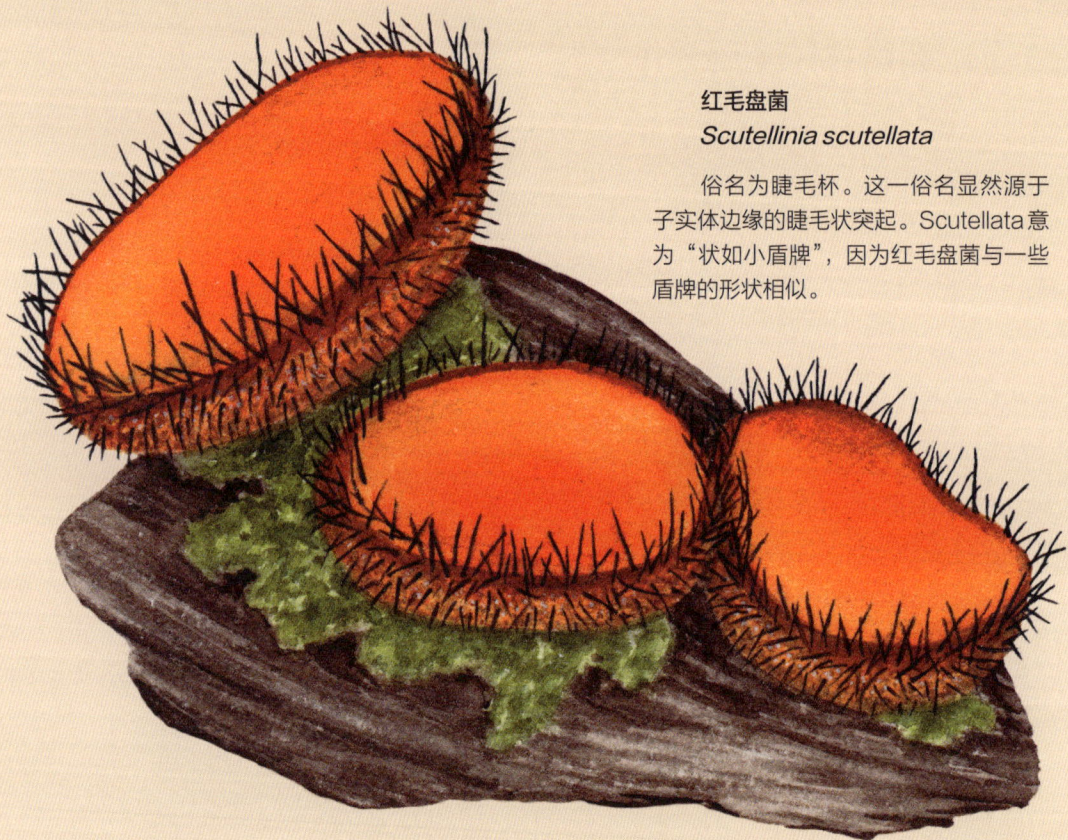

红毛盘菌
Scutellinia scutellata

俗名为睫毛杯。这一俗名显然源于子实体边缘的睫毛状突起。Scutellata意为"状如小盾牌"，因为红毛盘菌与一些盾牌的形状相似。

为什么真菌的名称会发生变化

真菌名称的变化映射出我们对物种间进化关系理解的不断深入。科学家们具备对基因组进行测序或"读取"DNA的能力后，使我们得以洞察哪些真菌之间存在关联。过去，某些真菌因外观相似而被认为存在紧密联系，但经过深入研究后，却发现它们与其他物种呈现出更为紧密的关系，从而被调整归入另一个属，于是导致它们的属名发生了变化。

　　莎士比亚曾说："玫瑰不叫玫瑰，依然芳香如故。"然而，名字的重要性不容忽视。仅仅知晓一个生物的名字，并不能让我们对它有深入了解或领悟，却能为我们提供探索更多信息的线索，并促使我们与他人进行关于它的交流与沟通。

学名与俗名

科学名称

　　每个生物都有一个学名，这些学名通常源于拉丁语或希腊语，并且由两部分组成，这种命名方法叫作双名法，又称二名法。以人类为例，人类的学名是 *Homo sapiens*。学名的第一部分是生物体的属名，它揭示了生物属于哪一个紧密相关的生物群体。在人属中，还包括其他已经灭绝的物种，如尼安德特人（*Homo neanderthalensis*）和直立人（*Homo erectus*）。学名的第二部分是种名，即种加词，它经常用来描述生物体的某一显著特征。

通俗名称

　　肉眼可见的真菌通常具有更加令人难忘的通俗名称。然而，同一物种在不同的地区可能会有不同的俗名。更为复杂的是，有时不同的物种可能会被赋予相同的通俗名称。例如，黑轮层炭壳（*Daldinia concentrica*，一种子囊菌类的真菌）在英国有个俗名叫"阿尔弗雷德国王的蛋糕"（见第231页）。为了避免混淆，通常采用斜体书写拉丁学名，使用正体书写俗名。

我们观察得越深入，发现的真菌种类就越丰富。目前，真菌几乎存在于地球上的每一类生态栖息地中，但它们的真实数量犹未可知，这一状态或许还将持续很多年。

地球上有多少种真菌

已知的知识

真菌学于19世纪在英国开始受到追捧，早期真菌学家从那时开始正式记录他们发现的真菌。地球上真菌数量的初步估算工作正是凭借这些先驱的不懈努力才得以进行，但估算结果直到20世纪才首次发布。

到了20世纪末，人们按照"每个植物物种有6个对应的真菌物种"的认知来估算真菌数量。当时，已知的植物物种数量大约为27万种。最初，许多真菌被记录了两次，即在它们的有性繁殖阶段和无性繁殖阶段各被记录了一次。此外，并不是所有含有真菌的植物部位都列入统计范围，例如植物内部和根部。考虑到这一点，当时的科学家们预测世界上大约存在150万种真菌物种。

已知的未知

到了21世纪，科学家们发现真菌不仅与植物有关，它们几乎无处不在。科学家们利用先进的DNA技术发现了很多以前从没研究过的地方也有真菌的踪迹，比如深海沉积物、岩石，甚至人体内。而且，通过研究已知的真菌群落发现，真菌的数量比我们实际能培养和识别的要多得多。于是科学家们估计，世界上大概有350万到500万种真菌。

未知的未知

近年来，有观点认为，1种能够培养的真菌大约对应8种不能培养的真菌。这些被称为"暗物质"的真菌只能通过检测它们的DNA特征进行识别。如果该观点属实，那么地球上可能有多达1200万种真菌。

科学家们预测，我们或许只发现了10%的真菌，还有90%的真菌等着我们去发现。就像我们只看到了冰山一角，还有更多的水下冰山等待我们探索。当我们发现更多的真菌时，我们也将学到更多关于它们的知识。

真菌和植物

真菌是最早被记录的与植物共生的生物。比如，松乳菇（*Lactarius deliciosus*）便是一种与松树共生的真菌。在研究过程中，人们发现植物的叶子和茎上出现的橙红色脓疱是由一些微小的真菌引起的，这些真菌属于担子菌亚门锈菌科。此外，人们还在腐烂的树枝和树桩上发现了变色栓菌（*Trametes versicolor*）这种多孔菌科云芝属的真菌。

变色栓菌
Trametes versicolor

虽然我们无法确定真菌最初出现在地球上的时间，但毫无疑问，它们已经存在了很久很久。这些真菌留下了许多线索，为我们描绘出一幅非同寻常的画面。

远古时期的真菌

24 亿年前

真菌结构通常不会形成优质的化石，同时真菌所形成的细丝（菌丝）也难以与其他丝状微生物进行区分。因此，我们很难精确地判定真菌最初在地球上出现的时间。目前发现的最早的类似真菌的细丝迹象是在24亿年前的岩石中，这表明真菌比我们最初设想的可能要更为古老。

6.35 亿年前

根据陆地化石的证据，真菌至少在6.35亿年前就已经生活在陆地上了。真菌早期能在陆地上定殖可以部分归因于它们的细丝，这些坚固的细丝状结构可以延伸到各个角落，钻过裂缝，穿透岩石的缝隙，甚至能够分解岩石，这使得真菌能够远远早于植物在陆地上生活。

4.2 亿年前

在原始植物开始出现时，已经存在了多种真菌形态。其中一些极为精妙且保存完好的形态已经在苏格兰的莱尼埃燧石层中找到，它们清楚地展示了真菌是如何作为菌根伙伴与植物相互关联，又如何作为植物病原体存在的。有证据表明，在第一批树木出现之前，地球上最大的生物体是纤维状的真菌结构，如原杉藻（*Prototaxites*）。

真菌的演变：
我们能从化石中了解到什么

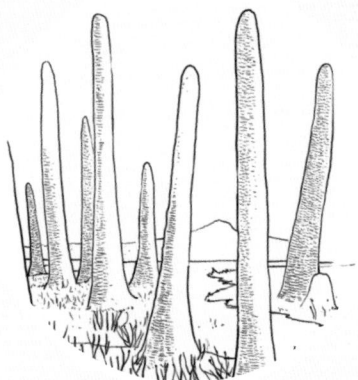

原杉藻生长在其他生物体上
（4.2亿年前）

2.51 亿年前

到二叠纪末期，针叶林已成为大地的主要植被。这一时期的化石记录揭示了早期白腐真菌的进化。当二叠纪戏剧性地结束，地球经历了前所未有的大灭绝事件后，化石记录中呈现了一个真菌的繁盛期。这表明，在大灭绝的背景下，真菌不仅顽强地存活下来，而且成功地扩张了自己的领地。

1.2 亿年前

蘑菇的子实体开始出现在化石记录中。迄今为止，人类发现的最古老的蘑菇是一种已灭绝的伞菌目真菌，距今已有1.2亿年的历史，其化石被相当完好地保存在一种石灰岩中。

0.52 亿年前

始新世时期的蘑菇和其他真菌子实体、菌根共生关系，甚至在化石蚂蚁体内保存下来的真菌寄生虫，为我们描绘了一幅千百万年前更为详尽的生命画卷。

真菌与植物和藻类之间的共生关系已绵延数百万年。事实上，如果没有真菌，植物可能永远无法在陆地上繁衍，人类或许也无法存在。

古老的植物伙伴

　　真菌与植物形成了独特的菌根伙伴关系（见第60~61页），也与绿藻和蓝细菌建立了特殊的伙伴关系（见第70~71页）。这两种共生关系均离不开真菌共生体和共生光合生物的参与。化石记录显示，这些共生关系早在4.2亿年前的泥盆纪就已经存在。

　　在那个时期，大多数生命形式仍然局限于水生环境。然而，为了能够在陆地上生存和繁衍，植物和藻类需要应对强烈日照、极端气候以及土壤营养物质匮乏、大气中二氧化碳含量是现在的10倍等诸多挑战。因此，为了在陆地上成功存活，它们需要革新生存策略，而真菌在这个过程中发挥了关键作用。

与植物的共生之旅

　　球囊菌门和毛霉门真菌与原始植物形成了伙伴关系。早期的无根植物受益于与真菌菌丝的结合，这些菌丝可以延伸到土壤甚至岩石中，提供了广阔的表面积，协助植物吸收更多养分和水分。作为回报，植物与真菌共享了光合作用过程中产生的糖。这一强大的共生关系至今仍然广泛存在于地球植物中，对维护生态系统的稳定至关重要。

　　随着无根的植物逐渐进化出根和芽，它们与真菌的共生关系也日趋紧密与复杂。真菌与植物的根系形成了密切的联系，进一步拓展并提升了这一古老共生关系的效益。树木出现后，进一步演化出一类新的真菌共生关系——外生菌根。这两种共生关系一直维持至今。更多的植物生命意味着大气中含有更多的氧气，最终促成了动物的进化，其中也包括人类的诞生。

与藻类的伙伴关系

大约在同一时期，绿藻和一些蓝细菌开始与子囊菌门的真菌形成共生关系。这一共生关系的产物就是地衣，它们能够在古代地球的恶劣环境中顽强生存。地衣体由包裹着藻类的真菌菌丝组成，为藻类提供了保护，使其免受干燥和紫外线照射的伤害。同时也使真菌及其共生伙伴能够共享重要资源，类似于菌根共生关系。如今，地衣经常出现在极端生境中，使我们更直观地记起那段远古的岁月。

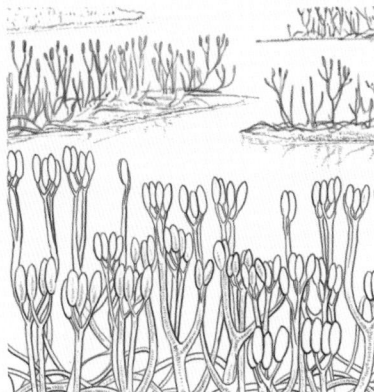

早期植物的形态

阿格劳蕨是大约4.1亿年前泥盆纪早期的无根陆生植物代表。它是已知最早与真菌建立菌根共生关系的陆生植物之一，依靠真菌菌丝从原始土壤中获取水分和养分。

蓝细菌细胞

真菌菌丝

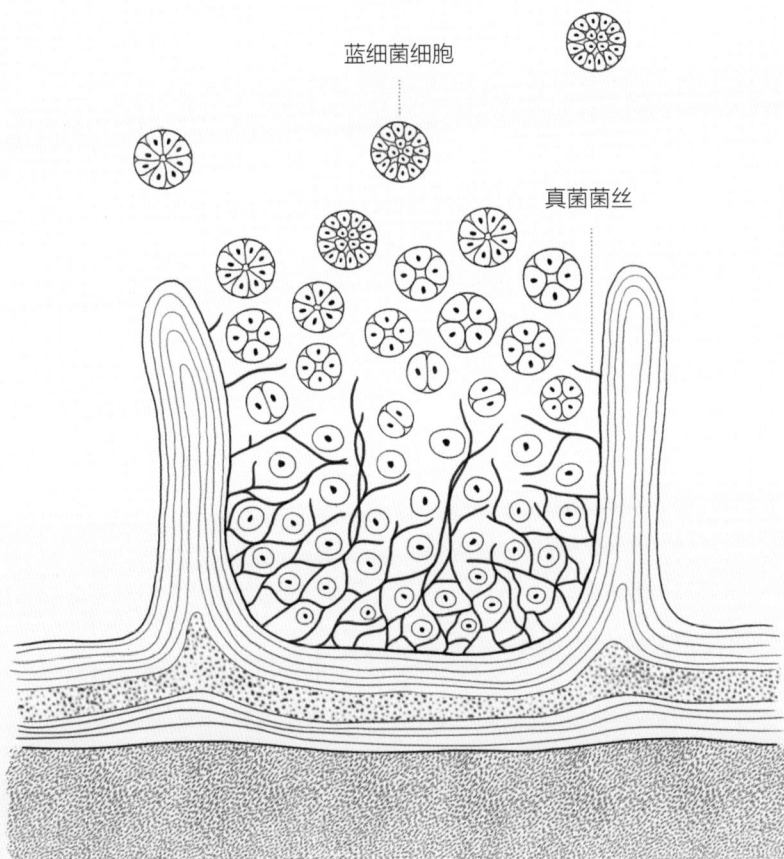

原始地衣

苏格兰莱尼埃燧石层的泥盆纪时期化石中曾发现早期的地衣化石，它存在于大约4.1亿年前，其表面由一层真菌菌丝组成，具有多个凹陷，每个凹陷内都包裹着蓝细菌细胞，形成了由菌丝交织而成的网络。

即使在北极苔原和炎热沙漠这类植被稀少的地方，也能发现真菌的踪迹，甚至在南极地区，也存在许多地衣形式的真菌。

只要存在食物和水分，就一定能发现真菌的存在。真菌遍布世界各地：从北极到热带地区，无论是水域还是陆地，无论是空气中还是动植物体内，甚至在太空里都有它们的身影。

在哪里能找到真菌

地球上遍布着真菌。相较于室内环境，室外环境中的真菌数量更多。

室外环境

在花园中，真菌广泛存在于土壤、堆肥和木材堆中。它们在分解死亡的植物和动物残体的过程中发挥着关键作用，同时也能协助分解粪肥（见第144~155页）。此外，一些真菌会引发植物病害，如锈病、白粉病和叶斑病等（见第72~77页），这些病害可能对观赏植物和食用植物造成严重损害。许多真菌并不显眼，例如内生菌生活在植物细胞内部，而菌根真菌则与植物的根系形成有益的共生关系。有些真菌甚至可以在一些出人意料的场所生长，例如在洞穴中以死亡的动植物为食，或者生长在食物资源稀缺的岩石上，有时会对建筑物和纪念碑造成损害，还可以生存在小溪、河流和海洋等水域中。除了上述环境外，它们甚至可以寄生于我们人类的体内。

室内环境

真菌孢子会附着在衣物、鞋底以及宠物的皮毛上。事实上，家庭环境中的大多数物体表面都可能成为真菌的栖息地。

在大多数家庭中，我们时不时能发现真菌的身影。真菌通常在物质循环中扮演着重要角色，但在家里，它们并不受欢迎。

房子里的真菌

厨房是最容易发现真菌的地方。在腐烂的水果、蔬菜、奶酪、面包和果酱等食物中，会产生无性孢子的斑块（见第54～55页），它们是由微型真菌产生的。青霉菌和灰霉菌等真菌在水果上表现为霉斑，而毛霉属（*Mucor*）真菌常见于面包上，曲霉属（*Aspergillus*）真菌则在果酱上生长，酵母菌甚至可以在洗碗机这种碱性、高温的环境中生长。

枝孢属（*Cladosporium*）、链格孢属（*Alternaria*）和黑葡萄穗霉（*Stachybotrys chartarum*）等真菌可在含有天然纤维的软装上生长，如地毯、墙纸和书籍等，并以黑色霉菌的形式出现。你也可能在浴室等潮湿区域发现黑色霉菌，它们在水淹后极其容易出现，并会在空气中产生孢子和有毒化学物质，因此应当立即清除。另外，凹痕粉孢革菌（*Coniophora puteana*）等真菌可在建筑物的潮湿木材中生长，导致褐腐病（见第120～121页），这是一种呈碎屑状、呈棕色的腐烂现象，会迅速削弱木材的强度。

干腐菌（*Serpula lacrymans*）能够在潮湿的环境中生长。这种真菌尤为麻烦，因为它能够通过菌索（见第118～119页）吸收水分，使其在干燥的灰泥和砖砌中延伸数米，并以干燥的木材为食，造成棕色现象。

干腐菌这一名称可能有误导性，因为与所有真菌一样，它同样需要水分。该真菌能够产生大量的菌丝体，其特有的棕色扁平状且具有扩展性的子实体边缘呈白色，而孢子则呈现锈色。

隆纹黑蛋巢菌
Cyathus striatus

第二章

真菌的
生存智慧

　　真菌并不仅仅是肉眼所见的蘑菇或子实体。在
每朵蘑菇或子实体之下，隐藏着的是菌丝体——
一个庞大且错综复杂的网络。这些菌丝体可能小到
难以察觉，也可能大到肉眼可见。它们生长在地下
或生物体内，甚至生长在已经死亡的物质中。它们
不断地进食、生长、交流，并对环境做出反应。下
面，让我们一起探索真菌的生命周期，了解菌丝
体、子实体和孢子。

大多数真菌的生存关键在于菌丝体，它是由无数被称为菌丝的微小丝状物组成的网络，构成了真菌的主要结构并奠定其生存方式。

真菌的生长网络

构成菌丝体的菌丝极为微小，宽度比人类发丝细40倍。通常，它们的宽度只有几微米，即千分之几毫米，甚至可以细至0.5微米。同时，菌丝通常也会彼此保持一定距离生长，从而使它们分布得更加稀疏。然而，在一些非常特殊的担子菌中，菌丝会朝着彼此生长，并形成绳索状和根状菌索（见第118~119页）。这些结构的直径可达1毫米或更大，因此肉眼便可看见。这些菌索汇集成一个网络，连接着给予它们养分的腐木或与之共生的植物。

低调而有力量

菌丝体能够凭借自己的力量与酶协同作用，穿透坚硬的块状物质。它们既能穿越狭窄的缝隙，又能横跨空旷的空间。菌丝体庞大的表面积（见右页）是摄取营养的理想结构，让真菌可以在体外消化和吸收食物，更使其成为植物根系的绝佳伙伴。正如植物从种子中萌发生长，新的菌丝体也从孢子中发育而来。

屡破纪录的真菌

在北美洲地区，单个蜜环菌（*Armillaria*）的根态菌丝网络分布极为广泛。目前，打破纪录的是美国俄勒冈州的一处蜜环菌根状菌丝网络，其面积达到了9.5平方千米，重量约为40万千克，并且至少已经存在了2500年之久，它也是地球上已知的最大生物之一。

萌发与分枝

当孢子萌发时，会从孢子中长出菌丝。这些菌丝从顶端开始生长，并逐渐分枝。菌丝的分枝过程会反复进行，起初是随机分枝，随后逐渐形成一定的规律。位于菌丝体外缘的菌丝呈现出规则的间距。然而，一些病原体的菌丝会以更定向的方式生长，它们会在宿主的外层防御结构上寻找突破口或强行侵入。

高效的空间填充能力

随着菌丝体持续生长，菌丝不断从中心向外扩散，使得菌丝顶端之间的距离逐渐增加。然而，侧枝的出现有效地缓解了这个问题，它们从主菌丝上生长出来，向前延伸，填补了边缘的空隙。因此，菌丝顶端之间的距离基本保持不变。这使得菌丝体能够高效地从周围环境中获取营养物质。

形成生长网络

菌丝体的结构并非自行车轮似的放射辐条。在子囊菌和担子菌的菌丝体中，菌丝之间会进行交叉连接，进而构建成一个复杂的网络结构。

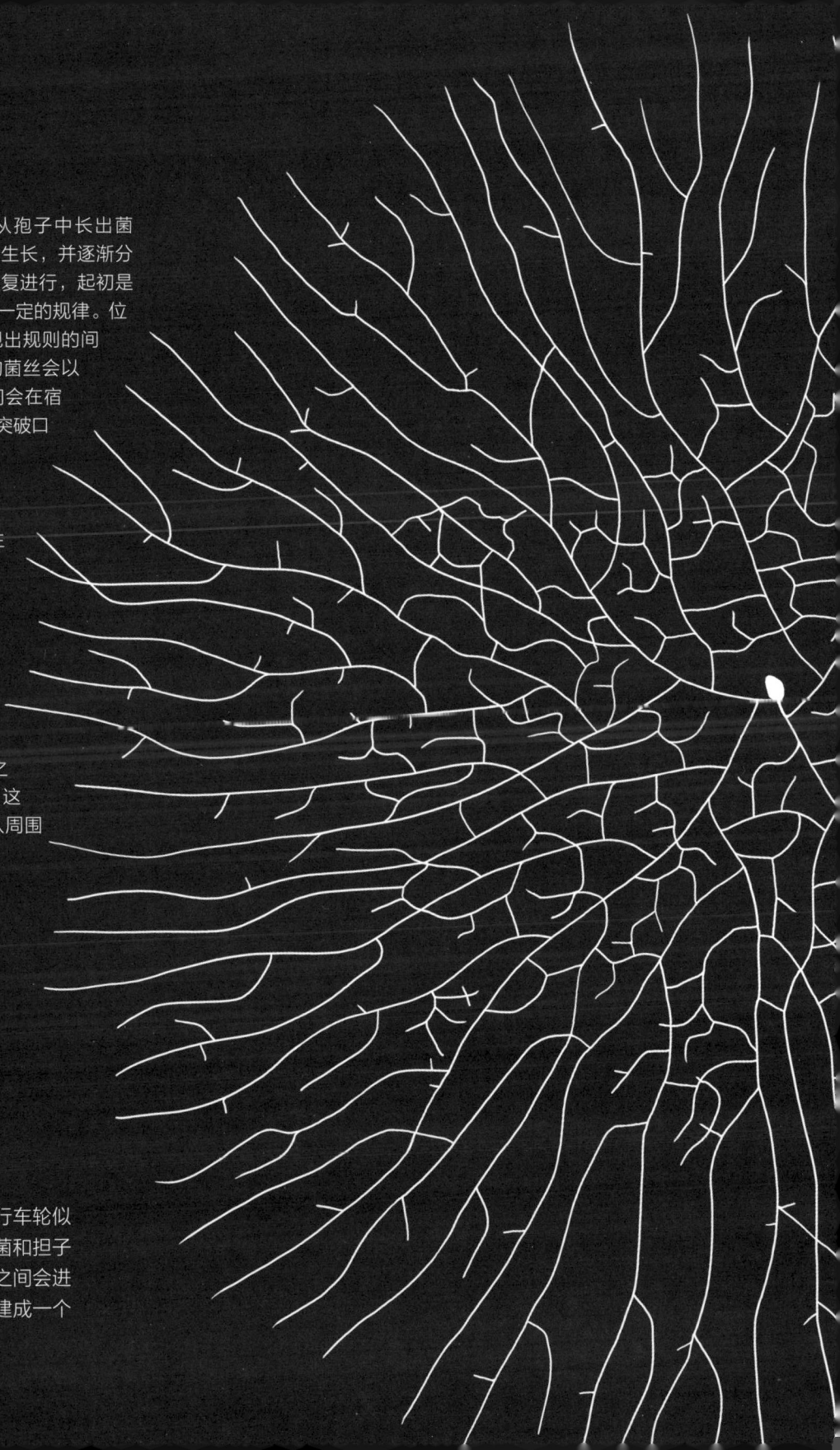

分解型

　　大多数分解型真菌，例如松球小孢伞（*Baeospora myosura*），通常仅在其食物资源范围内生长，只能通过孢子传播到其他地方。然而，也有一些真菌能够以菌丝体的形式向外生长，以寻找食物。

杀手型

　　热带线虫草（*Ophiocordyceps amazonica*）是一种能引起昆虫病害的病原体，它的子实体会从它寄宿并杀死的蚱蜢体内萌发而出。

共生型

　　地衣是真菌与光合生物（如绿藻）共生形成的一种生物体，例如狼毒地衣（*Letharia vulpina*）。在这种共生关系中，光合生物能够通过光合作用制造碳水化合物，并与真菌共享。而真菌则为其共生伙伴提供水分、营养物质以及保护。

在摄食方面，真菌与人类更为相似，而与植物有所不同。真菌无法像植物那样利用阳光的能量自给自足，它们必须寻找现成的营养物质维持生长。

真菌的觅食方式

真菌有两种觅食方式。一种是通过菌丝找到食物并进行消化，另一种是通过与其他生物体建立共生关系获取食物。人类摄取食物后，肠道内的酶将食物分解成身体能够利用的小分子。与人类相似，真菌也通过消化酶分解食物。区别在于，人类在体内的肠道中消化，而真菌则在体外消化。它们通过菌丝分泌消化酶，然后将食物分子吸收进菌丝中。菌丝非常细小，具有极大的表面积，使得真菌能够有效地吸收食物分子。真菌菌丝顶端的酶及菌丝结构的物理力量使它们能够侵入固体食物甚至木材中。

在真菌王国中存在各种类型的消化酶。事实上，真菌酶可以分解动植物天然产生的任何化合物。当然，每种真菌具有的酶的类型与数量不同，因此真菌消化和利用不同食物的能力也有所差异。

有些真菌以死亡的动植物和微生物为食，包括其整个生物体的残骸，以及生命过程中脱落的部分，如树叶、树枝、根系生长过程中丢失的根细胞、粪便、皮肤细胞、毛发等。

有些真菌会杀死被寄生生物体的部分组织或整个身体，并以它们为食。

有些真菌与宿主共生。一部分真菌寄生体会从植物、动物或其他真菌中汲取营养，从而限制宿主的生长或繁殖；还有一些真菌则与宿主形成互惠共生的关系，例如，它们与植物根系合作形成菌根，或与藻类共生形成地衣。

包括真菌在内的所有生物都能感知周围的环境，如光线、声音、化学物质以及温度等，并且会根据这些环境因素做出相应的反应。

菌丝体的感官系统

人类依靠五种主要的感官来监测和适应环境变化。同样，真菌也有相应的感官机制，甚至还具备其他的感知能力。它们能够通过生长或游动（如壶菌）来趋近或远离食物、毒素等物质。菌丝还能感知邻近菌丝的存在，这很可能是通过空气或水膜中扩散的化学物质实现的。

视觉

真菌无法像动物一样观察周围的环境，许多真菌甚至大部分时间都在黑暗中度过，但它们确实拥有一系列光受体，使得真菌的子实体能够朝向光源生长，从而在传播孢子时获得优势，因为孢子在地面的传播效果更佳，例如水玉霉菌。此外，阳光还能调节某些真菌形成子实体的时间（见第53页）。

触觉

对于某些真菌而言，触觉至关重要。当导致植物锈病的真菌孢子萌发时，菌丝须进入植物体内。这些菌丝通常通过植物叶片下方的气孔进入，而它们正是依靠触觉寻找这些气孔。以大麦为例，其叶细胞呈长方形，排列成行，窄端相连，这些窄端之间便是气孔。大麦叶细胞的表面呈弯曲状，因此在细胞行列之间形成了凹槽。菌丝会通过触觉感知周围环境，沿着斜坡上下探索，与凹槽呈直角生长，寻找通过气孔进入植物体的最佳机会。

听觉

真菌虽无法像人类一样听到声音，但它们能对声音做出反应。尽管这仍是一个新的研究领域，但科学家们已经发现真菌可能会对土壤中的多种声音做出反应。最近的一项研究发现，某些植物的根系能够通过振动定位水源。例如，引起苹果黑星病的苹果黑星菌会对雨滴落在叶片上所产生的振动做出反应。

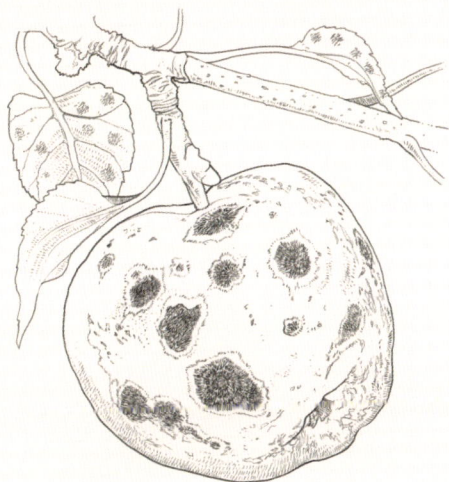

大麦柄锈菌
Puccinia hordei

这种真菌能够感知大麦叶片表面的变化，在遇到气孔（叶片上的开口）时，会形成侵染结构，从而轻松侵入植物体内。

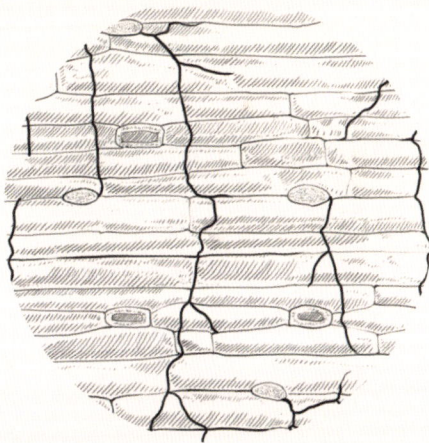

苹果黑星菌
Venturia inequalis

苹果黑星病菌在果园地面的枯枝落叶中越冬。春天，它们会产生微小的瓶状子实体。当雨滴落在叶片表面时，真菌感知到振动，就会触发子实体释放孢子，使真菌传播到新生的叶片、花朵和果实上。

水玉霉
Pilobolus

水玉霉具有类似透镜的系统，能感知光线并向光源生长，从而将孢子囊朝向光源发射。

曾几何时，人们认为只有动物才能在外界其他生物体或食物的刺激下做出反应。现如今，人们已经认识到，即便是没有大脑或神经系统的生物体，也能够对其产生反应，真菌便是其中之一。

真菌的行为与记忆

真菌不仅能够感知周围环境并做出反应，它们甚至拥有记忆。虽然这一能力部分体现在微观层面，但科学家们已经通过一些简单的实验证明了这一点，他们观察到了木腐菌利用菌丝在土壤中寻找食物的过程。

行为

簇生垂幕菇（*Hypholoma fasciculare*）的菌丝体会从木头中生长出来寻找食物，菌丝体最初大致呈圆形。当菌丝体找到食物时，会通过菌丝网向正在搜寻食物的其他菌丝体发送信号，及时告知对方食物已找到。随后，菌丝体便停止其他方向的搜寻，未找到食物的菌丝体会重新分配大部分菌丝给成功找到食物的菌丝体。菌丝会朝向彼此生长，并形成粗壮的菌索，进而连接原有食物和新食物。同时，其余未找到食物的菌丝体会消失。当真菌完全占据新食物后，它的菌丝体会从另一侧生长并继续寻找食物。真菌的这种觅食模式与白蚁的行为路径极为相似。

然而，我们尚不清楚真菌是如何传递这些信息的。或许与人类和其他动物类似，它们利用化学信息和电子信号进行通信。事实上，科学家已经在真菌的菌丝体和子实体中检测到电脉冲。

记忆

正在形成菌索的真菌也能够"记住"新食物供应点与原有食物点的相对位置。在一项土壤实验中，实验者允许厚粉红原毛平革菌（*Phanerochaete velutina*）的菌丝体开始占领新的食物供应点。随后，他将原始的木块从菌丝体上切下，并放置在一个新的土壤培养皿中，菌丝再次从这块木块中生长出来寻找食物，但大部分会从原有食物与新食物相连的一侧生长出来。

真菌觅食的方式

寻找新食物源

某些腐朽真菌的菌丝体能从它们正在摄食的木材中生长出来，以寻找新食物源。

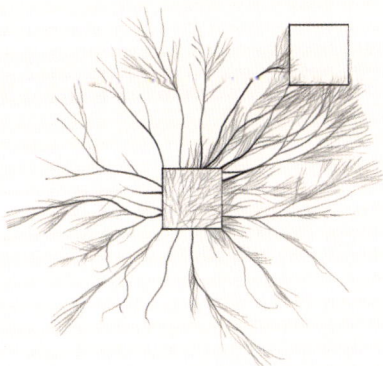

感应新食物源

当真菌寻找到新的食物源时，它会将这一信息传递给菌丝体的其他部分，这些部分会做出响应，朝食物源方向旺盛生长，同时其他区域的菌丝会慢慢消失。菌丝体将会重新塑造结构。

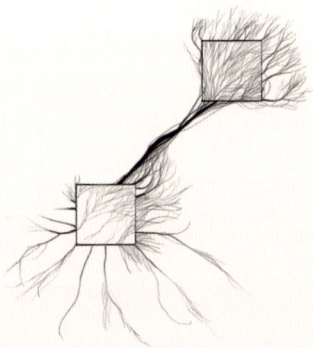

菌丝连接网

紧密组合的菌丝会形成厚实的菌索，将原有食物源与新食物源连接在一起。这就是真菌在森林地面上形成大型菌索网的奥秘所在（见第118~119页）。养分和水分可以通过这些菌索双向流动。

蘑菇能释放出成千上万个孢子，每个孢子都含有制造新蘑菇所需的一半遗传物质。然而，蘑菇仅仅是真菌的冰山一角，真菌的主体是肉眼无法看见的。

地表下的蘑菇

　　菌盖底部的菌褶上会伸出一种名为担子的棒状结构（见第176～177页），并从中生出孢子，当孢子脱落，它们会被风带到新的地方。如果落在条件适宜的环境，孢子就会发芽，生成菌丝（真菌的丝状结构），最终形成菌丝体（菌丝网络）。当真菌遇到相容的伴侣时，它们的菌丝就会融合，并共享细胞内容物。由于存在一种称为"锁状联合"的特殊喙状结构，每个亲代的细胞核都会在新生长的菌丝体中保留下来。菌丝体在这种状态下往往能够存活多年。

　　菌丝会延伸到土壤、木头或死去的动植物中获取养分。当食物有限或环境条件（如温度或光照模式）发生变化时，菌丝体就会为蘑菇的生产做准备。真菌菌丝会结成一团，形成一个针头状的幼菇（原基）。幼菇开始生长，逐渐长出菌盖和菌褶，菌褶中包含许多担子。在每个担子中，伴侣的两个菌核会融合并分裂，通常产生四个孢子。当蘑菇成熟时，孢子被释放出来，再次重复以上过程。同时，亲代的菌丝体可以继续生长，产生更多的子实体。

地表下的蘑菇

成熟的子实体

由原基发育而来，经过一段时期的生长和发育，逐渐形成未成熟的子实体。最终，它们发育为成熟的蘑菇，并产生孢子进行繁殖。

释放孢子

如果它们落在适宜的环境中，就会萌发，产生菌丝。这些菌丝会在地下蔓延扩散，生出分枝，形成菌丝网络。

菌丝融合

异性菌丝相遇时会发生融合，形成一个双核菌丝体，包含两个来自不同亲体的细胞核。

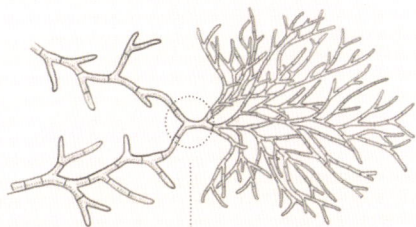

次生菌丝体
（双核）

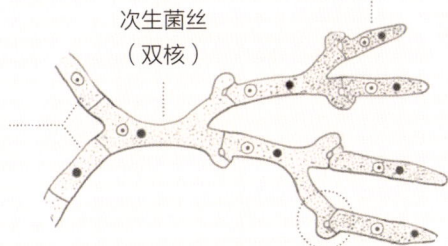

次生菌丝
（双核）

初生菌丝
（亲代）

由菌丝发育而来的原基

当环境条件适宜时，菌丝会聚结成微小的针头状结构，这些结构被称为原基，它们会从地面或其他基质中冒出来。

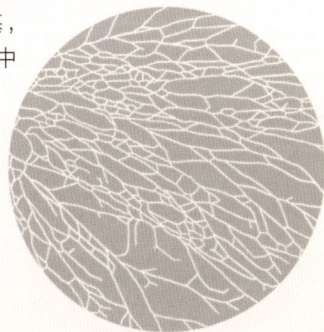

菌丝体扩散

菌丝网络在土壤或其他营养介质中持续生长、蔓延和扩展。

锁状联合

当细胞分裂时，细胞会形成隔膜，一个小钩子状的喙状突起会向后转动，并与隔膜后的细胞壁融合。这样，新隔膜一侧原细胞中的细胞核可以通过喙状突起传回至下部细胞，确保两个细胞都分别从亲代获得一个细胞核。

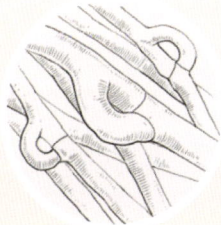

担子菌门包含了超过5.2万种担子菌，其中一些可以产生大型的子实体，包括我们最熟悉的蘑菇；也有一些是微观层面的动植物病原体。

蘑菇与其他担子菌

真菌子实体的作用是产生并释放孢子。在担子菌中，这些孢子是在棒状的细胞（被称为担子，因此得名担子菌）上产生的。这些担子可能生长于子实体的菌褶上，也可能位于子实体的管状结构、孔状结构或刺状结构上，也可能仅长于子实体的外壳表面。

在担子菌中，肉质的蘑菇结构是最具代表性的子实体，但这仅仅是担子菌呈现的形式之一而已。有的担子菌有菌柄，有的可能形成硬壳，有的可能呈现檐状、板状或者果冻状。它们的颜色多变，色域范围极广，从灰白色、暗棕色到红色、亮紫色不等（见第180～209页）。

我们可以根据这些子实体的外貌特征对其进行分类。

肝色牛排菌
Fistulina hepatica

又称牛舌菌。这种檐状菌的底部表面分布着气孔，孢子通过这些气孔得以散播。将其切开后，它的外观和质感与生肉相似，甚至还会"流出"红色的液滴。肝色牛排菌主要生长在橡树和甜栗树的树干上。

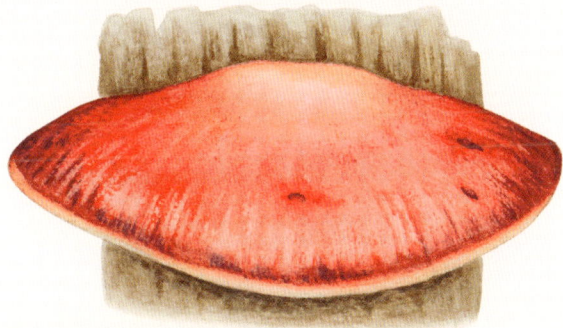

猴头菇
Hericium erinaceus

又称猴头菌。不同于许多其他蘑菇在菌褶上产生孢子，猴头菇的孢子生长在针状菌刺上，刺长通常为1~5厘米。

佐林格珊瑚菌
Clavaria zollingeri

又称堇紫珊瑚菌。它的子实体呈现出美丽的紫罗兰色，形态类似珊瑚，高度在3~10厘米之间。这是一种罕见的真菌，主要发现于半天然的草地环境中。然而，由于这类栖息地的逐渐减少，堇紫珊瑚菌的种群数量也已经下降到不足50年前的一半。

焰耳
Guepinia helvelloides

该真菌的担子果在形状和大小上存在显著变化，高度范围在4~10厘米之间。该真菌的质地呈胶冻状或橡胶状，颜色为鲜艳的橙粉色或者鲑鱼粉红色，十分醒目。担子主要位于担子果的下表面。

羊肚菌
Morchella esculenta

羊肚菌共有80多种，它们是子囊菌中子实体最大的一类，高度可达12厘米。这类真菌通常分布在树木繁茂的区域，与树根形成共生关系，或者出现在朽木和烧焦的土地上。需要注意的是，它们容易与具有致命毒性的假羊肚菌混淆。

橙黄网孢盘菌
Aleuria aurantia

该真菌的子实体在幼嫩阶段呈杯状，而成熟后直径可长至10厘米形状变得扭曲，有时甚至会裂开，在上表面形成子囊。橙黄网孢盘菌是腐生菌，尤其在夏末或秋季，常在受外部环境扰动的土壤上生长并形成子实体。

团炭角菌
Xylaria hypoxylon

又称鹿角炭角菌。多生长在阔叶树的树枝和树桩上。在木头腐朽的初期，这种真菌会起到分解木材的作用。它们的子实体大部分时间呈白色，并产生无性孢子。到了秋季和冬季，团炭角菌会变黑，嵌在内部的瓶状子实体中会释放出有性孢子。

　　子囊菌是真菌中最大的一个门类，目前已知的物种数量超过9.7万，但仍有大量物种等待科学界的研究和发现。然而，在这众多的子囊菌中，只有较少的种类能够产生肉眼可见的子实体。

子囊菌与子实体

　　在颜色上，有些子囊菌具有鲜艳的颜色，但也有不少呈棕色或黑色。在形态上，有些子囊菌呈肉质，偶尔生出柄，也有些是嵌入硬壳或疣状结构中。

　　子囊菌与其他真菌的区别在于它们产生孢子的方式不同。子囊菌交配后，会在称为子囊的囊中产生孢子，这也是它们被称为子囊菌的原因。这些孢子在子实体中形成。子囊菌的子实体形态多样，有瓶状、杯状、碟状和块状等。

　　瓶状真菌微小的子实体中含有顶端具有开口的瓶状子囊，并因此得名。部分子囊菌的子实体嵌入植物体中，尺寸微小，肉眼难以察觉。而其他子囊菌的子实体则分布在更大的真菌结构（子囊座）中，形态多有不同，但肉眼可见。

　　杯状和碟状真菌可视为同一类型的变种。顾名思义，碟状真菌形状扁平，较浅；而杯状真菌则更高、更深。有的杯状和碟状真菌长在粗壮的柄上，拱出地面，从外观上看与蘑菇相似，但子囊生长在表面。

　　松露则是生长在地下的子实体，它们呈深色圆块状，外表坚硬，全身遍布子囊。

所有蘑菇的生长方式都很相似，尽管在细节上存在一些差异，但无论如何，它们生长的首要条件是必须进行交配。

蘑菇的生长方式

大多数生物都有两种性别，即雄性和雌性。但是形成蘑菇的真菌却拥有数百种"性别"。为了形成一个子实体，通常需要两个不同且兼容的亲本菌丝体进行交配。虽然无法在视觉上区分真菌的性别，但是可以通过化学方式区分。当菌丝体进行交配时，双方的菌丝就会融合在一起。这个过程只需要发生一次，真菌就能在有足够的食物和适宜的环境条件下产生子实体。

蘑菇的形成方式都很相似，但是根据子实体中菌褶的保护方式，可以将它们分为三种基本类型：前两种是蘑菇属（Agaricus）型和鹅膏属（Amanita）型（见右图），第三种是丝膜菌属（Cortinarius）型，这类真菌的菌褶被一层类似蜘蛛网的菌幕所保护（见第171页）。

蘑菇属型

在小蘑菇开始形成时，一层称为菌幕的透明薄膜将菌盖与菌柄连接在一起。在蘑菇穿过土壤向上生长的过程中，菌幕起到了重要的保护作用，保护菌褶、防止它受到损伤。随着蘑菇不断生长，直到接近成熟大小时，菌幕会逐渐破裂，通常有一部分会留在菌柄上，形成一个明显的环带。此时，孢子就可以从暴露的菌褶上释放出来，进行繁殖。

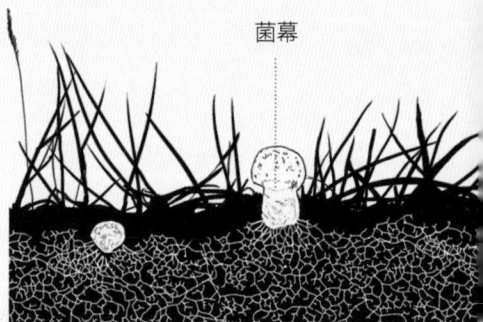

菌幕

鹅膏属型

鹅膏属型真菌具备双重保护机制。第一，有一层菌幕保护着菌褶，确保它在生长过程中的完整性；第二，当整个子实体冒出地面时，第二层菌幕将其完全包裹。当这两层菌幕破裂，菌柄上会保留一个环带，被称为菌托的球状基部会保留另一个环带。此外，菌盖上会有一些菌幕的细小残留部分，呈白色斑点状。

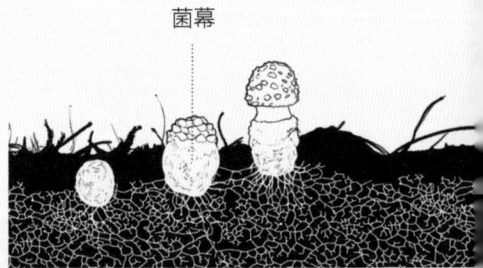

菌幕

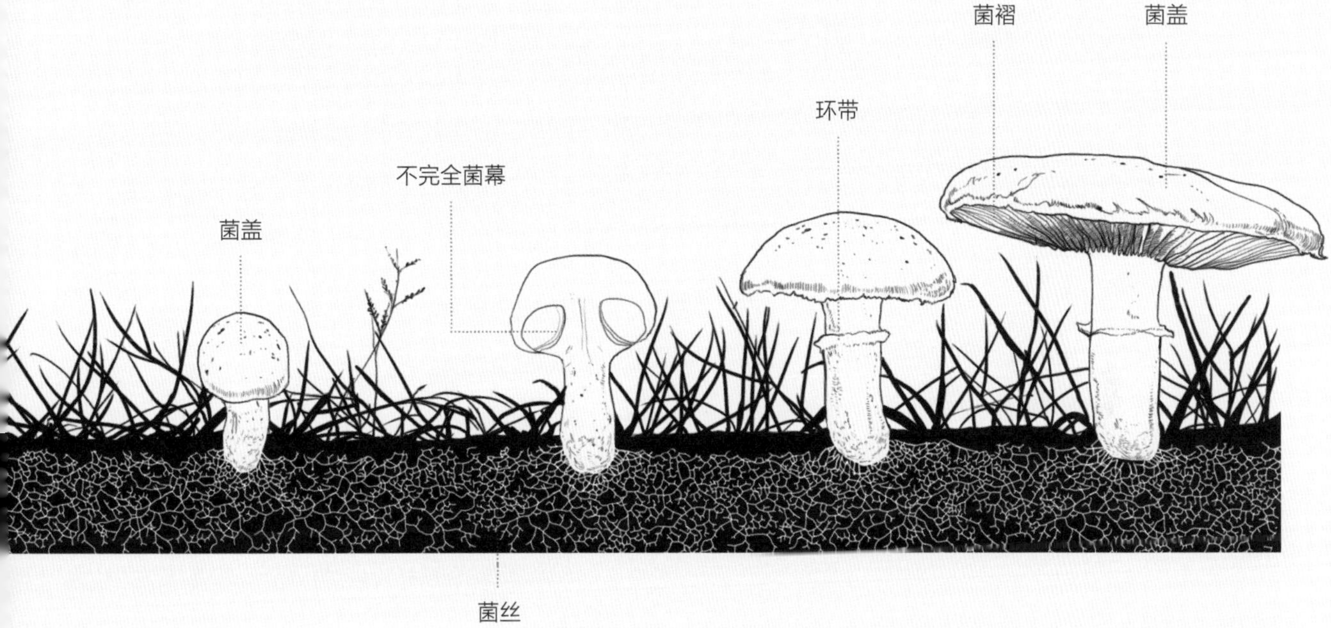

菌褶　　菌盖

环带

不完全菌幕

菌盖

菌丝

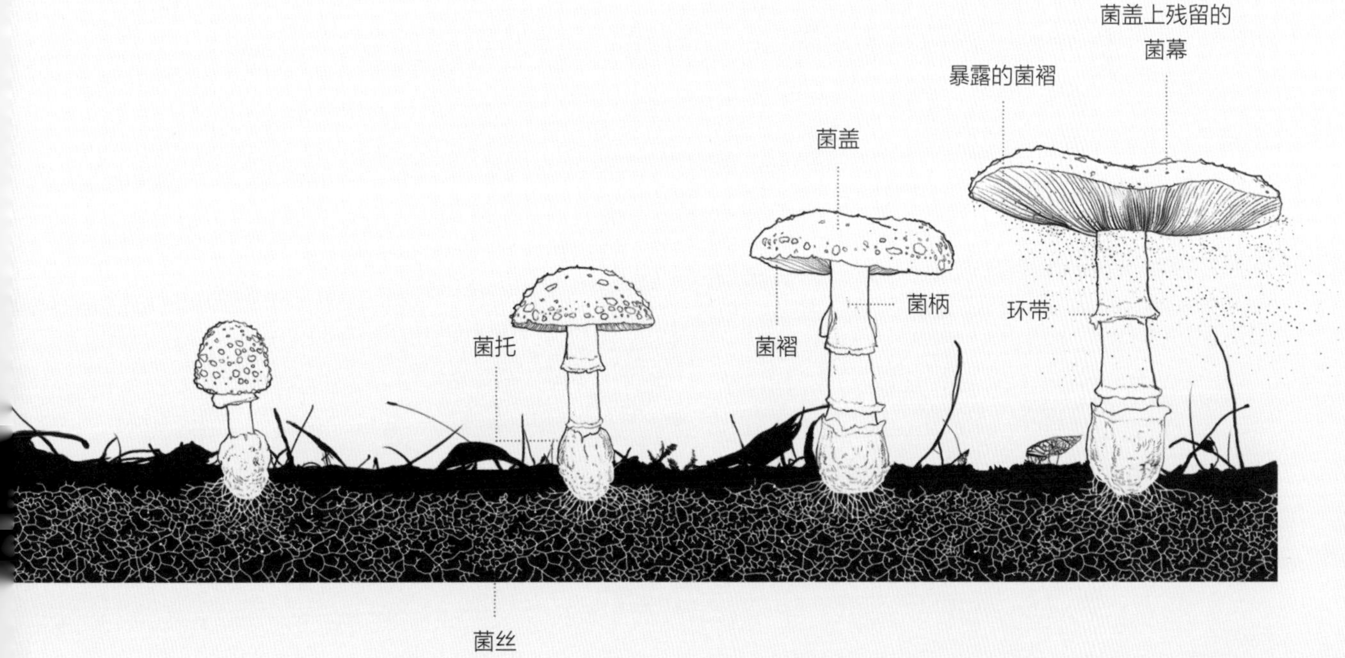

菌盖上残留的菌幕

暴露的菌褶

菌盖

菌柄

菌托

菌褶

环带

菌丝

松生拟层孔菌
Fomitopsis pinicola

这是一株倒下的山毛榉树干上生长的松生拟层孔菌，这种褐腐真菌在欧洲大陆上的山毛榉和针叶树上非常常见。图片中位于前部的子实体是在树倒下后形成的，具有垂直的管状结构。而后面的真菌现在是侧向生长的，因为它在树木倒下前就已经开始形成。

重力的影响

子实体的菌褶或菌管必须保持垂直，这样孢子才能落入子实体下方的气流中。如果移动蘑菇使它不再保持直立状态，菌柄会调整方向并重新垂直生长。对于檐状菌而言，它们被移动时会形成一层新的菌管，或完全新的子实体，以确保菌管保持垂直。

当真菌获得足够的能量和营养时，它们就具备了产生子实体的潜能。然而，这一过程通常在环境条件适宜的情况下才会发生。

环境如何影响子实体

光、温度、二氧化碳以及水的供应量和湿度，都是决定真菌是否产生子实体及其产生方式的重要因素。不过，它们的影响程度会因真菌物种不同而异。目前，就这些环境因素对子实体形成的确切影响，科学家们仅对少数具有商业价值的真菌及部分在实验室能快速产生子实体的真菌进行了研究。

光和温度的影响
光照可能促进某些真菌结实，也可能抑制另一些真菌的结实。光照还能影响子实体的外貌特征。以金针菇（*Flammulina velutipes*）为例，光照能够刺激其子实体的生长，光照时间越长，所产生的子实体数量就越多。值得注意的是，生成子实体的理想温度通常比菌丝生长的理想温度要低几度。

二氧化碳的影响
菌丝体周围的二氧化碳浓度会影响子实体的发育。在双孢蘑菇（*Agaricus bisporus*）的商业种植中（见第222~223页），堆肥中的二氧化碳浓度可能会升至20%以上。这也引发了一个问题：当二氧化碳浓度超过1.5%时，菌柄会生长过长，而菌盖却较小，这种形态的蘑菇并不受购买者欢迎。然而，在自然环境中，较长的菌柄有助于将子实体提升到更高的位置，利于子实体的生长。有趣的是，对金针菇而言，较高的二氧化碳浓度反而会导致菌柄长度缩短。

孢子相当于开花植物的种子，是真菌的主要繁殖方式。这些微小的孢子无法用肉眼看见，它们承载着营养和遗传物质，能够通过多种方式到达最终的目的地。

真菌孢子

所有孢子均为微观存在，然而当它们大量掉落时，我们便能察觉到它们，比如在孢子印中（见第 172~173 页）便可观察到孢子。不同真菌的孢子在大小、形状、颜色和纹路方面均存在差异，存活时间也各不相同，它们的形成方式也是关键区别所在。某些孢子仅在交配后才会产生，并继承双亲的特征；而有些孢子即使在未发生交配的情况下，也能在菌丝上形成。

无性孢子

大多数无性孢子的孢子壁比较薄，但它们常含有被称为黑色素的防晒色素。厚垣孢子比较特殊，具有非常厚的孢子壁，因此它们更能在恶劣环境中适应并生存。孢子虽然非常微小，但我们仍可以通过肉眼观察到它们的一些迹象。以子囊菌门的青霉菌为例，其蓝绿色的分生孢子可以形成美丽的分枝毛状结构，在蓝纹奶酪的菌斑中可观察到。与此同时，毛霉类真菌（针状霉菌）会在向上生长的菌丝顶端形成近似球形的孢子囊，在其中生成无性孢子（孢囊孢子）。而在一种面包霉菌——匍枝根霉（*Rhizopus stolonifer*）中，它的孢子囊长在长长的菌丝上，呈黑色斑点状。

有性孢子

不同门类的真菌交配后形成孢子的时间不同，有些门类会立即形成，有些门类可能需要数月甚至数年的时间。根据生存策略的不同，一些孢子更能适应环境以求生存，而一些孢子则更侧重于快速传播。特别是毛霉类真菌，交配结束后会迅速形成接合孢子。这些孢子具备厚实的、常呈深色的壁，该结构使它们在等待营养源时能够维持更长的存活时间。此外，源自母菌菌丝的支架状分枝，形态类似鹿角，为孢子提供了进一步的保护机制。

子囊孢子是子囊菌的有性孢子，主要在被称为子囊的薄囊中形成。通常在杯状、碟状和瓶状子实体中能观察到这些子囊（见第48～49页）。

担孢子是担子菌的有性孢子，由担子产生，这些担子通常为较宽大的棒状结构。它们主要在菌根真菌的菌丝、管状结构以及蘑菇和其他类型子实体的刺状结构中形成和释放（见第176～177页）。

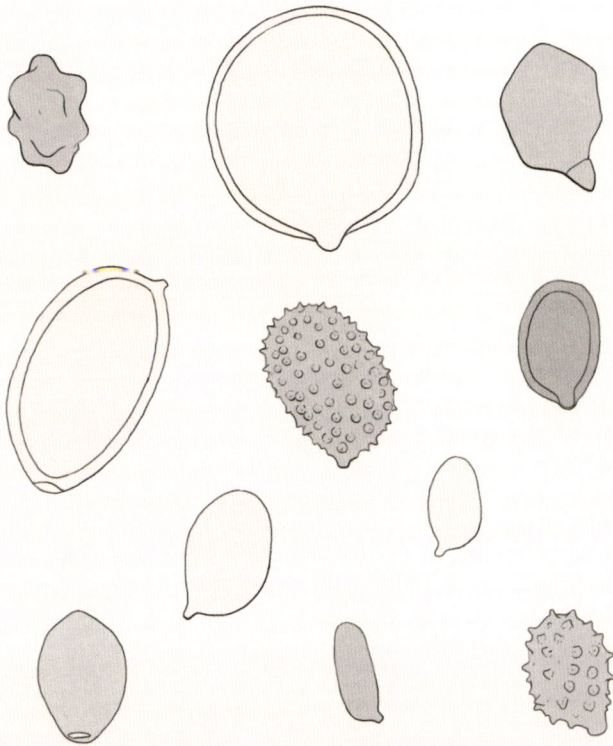

须霉
Phycomyces

须霉是毛霉门的真菌，它的有性孢子称为接合孢子。这些接合孢子由两个真菌细胞直接在菌丝体上结合而成。用肉眼便可以观察到这些黑色的小点，它们被厚实的壁所包围，并向外生长出类似鹿角的突起，这些突起从其附着的母体菌丝上延伸出来。

担孢子

担孢子是担子菌子实体中的微小孢子，它们的长度通常在5～20微米之间。这些孢子的形状、颜色以及表面是否具有突起等特征，都会因物种不同而有所差异。

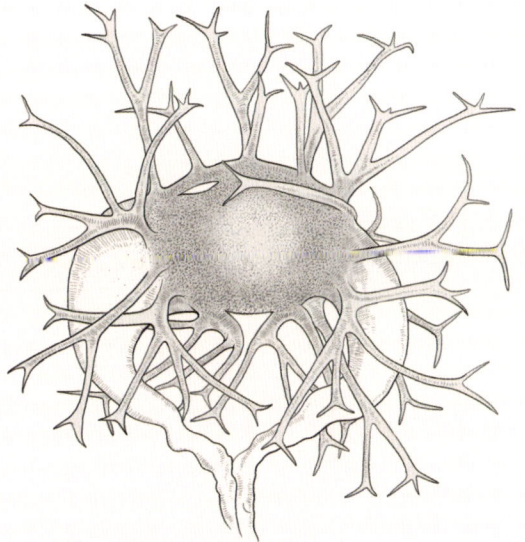

大多数孢子依赖气流或水流进行传播，并在产生它们的子实体附近几米内着陆。但是，有些孢子会经历更为惊险的"旅程"。

孢子的旅程

只有某些特殊种类的孢子，如壶菌的孢子，具有自主移动的能力。对于其他种类的孢子而言，它们主要依赖气流或水流进行传播，因此到达适合生长的理想场所的机会较小。然而，真菌会产生大量的孢子，以蘑菇（*Agaricus campestris*）为例，单个蘑菇能产生高达27亿个孢子，极大地增加了繁殖成功的概率。每年，超过5000万吨的孢子被释放到大气中，在雨林上空形成巨大的孢子云，还有人认为这些孢子可能有助于形成云层和产生降雨。

偶然情况下，气流会将孢子携带到非常遥远的距离。以咖啡驼孢锈菌（*Hemileia vastatrix*）为例，这种真菌的孢子曾经乘着风从非洲飘到巴西。孢子也可以通过雨滴进行传播，或者被真菌主动释放。然而，孢子到达目标地点最安全的方式是搭乘动物的"便车"。

雨滴

当雨滴降落在隆纹黑蛋巢菌（*Cyathus striatus*）的子实体表面时，该真菌会通过弹射机制迅速释放出含有孢子的"孢子团"。这些孢子团以每秒5米的速度在空中飞行。每个孢子团都附带一个微小且卷曲的细丝，当它的自由端触碰到适合的基质（如树枝或树叶）时，孢子团就会通过黏附机制迅速黏附在基质上。

触碰

马勃菌和地星，例如尖顶地星（*Geastrum triplex*）等，这类真菌在球形的子实体中产生孢子。一旦子实体遭遇雨水滴落、枯枝落叶擦碰、微风拂过或被哺乳动物触碰等情况，便会产生足够的压力，促使孢子从子实体中释放出来，形成云雾状的孢子云。

"便车"

孢子会不经意间附着在哺乳动物、昆虫和蛞蝓等以它们为食的动物身上或体内。例如，长裙鬼笔（*Phallus indusiatus*）会产生一种有臭味的黏液吸引昆虫，昆虫以它为食时会无意中沾染上孢子，随后将这些孢子携带到新的地点。同时，与昆虫形成共生关系的真菌也常常会被它们携带到新的地点（见第82～83页）。

青黄红菇
Russula olivacea

第三章

真菌的
共生生物

真菌很少独立生存，它们会与其他真菌、植物、动物、人类以及微生物互动。真菌有时会伸出援手，有时则可能招来疾病。无论是帮助树木生长，还是将蚂蚁变成僵尸，亦或是与其他真菌相互抗争，真菌都无法避免与周围的环境产生互动。

绝大多数植物都与真菌建立了合作关系。当植物根系与真菌形成共生关系时，它们便被称为菌根。

真菌与植物的伙伴关系

菌根共生是一种古老的生存方式，其起源可追溯至大约4.5亿年前。对于建立了此类关系的大多数真菌而言，这是它们唯一的生存方式。这种共生关系对双方都有益：植物将通过光合作用产生的糖分供给真菌，而真菌则回馈植物水分和养分。一些菌根真菌还能帮助植物耐受有毒化学物质等不良环境，同时菌丝体也能保护植物根部免受某些病原体的侵害。

多样的菌根共生形态

菌根共生关系呈现出丰富的多样性，其中，丛枝菌根是最为常见且广泛分布的一类。在丛枝菌根中，真菌的菌丝在土壤中生长，并成功穿透植物的幼嫩细根，进一步在植物细胞内部形成灌木状结构，这种结构被称为丛枝，真菌和植物在这里进行水分、营养物质和糖分的双向交换。

在温带和寒带以及热带低地雨林的生态系统中，占主导地位的树种通常形成外生菌根。在外生菌根中，真菌的菌丝体紧密地包裹住植物的吸收根，并形成一个称为"真菌套"的结构。这个结构不仅保护植物根系，也大大扩展了根系在土壤中的吸收面积。真菌虽然侵入根系，但并不穿透到植物细胞内，而是在细胞间形成一个称为哈氏网的特定结构，用于真菌和植物之间的物质交换。

杜鹃花科植物具备特有的菌根共生形态。在这种共生关系中，真菌的菌丝主要生长在细毛根的表皮细胞和皮层细胞中。这些真菌菌丝在植物细胞内部占据相当大的空间，甚至可高达细胞体积的80%，从而形成了一种紧密的细胞内共生关系。

90％的植物根系会与真菌形成菌根共生关系，这恐怕是生物界不同物种间最常见且至关重要的亲密关系。

　　在每片森林的底下，都存在着连接树木和腐烂植被的地下网络。这些网络承载着信息和资源的传递。那么，这些网络是依靠什么形成的呢？答案当然是真菌。

森林的地下网络

　　菌根真菌的菌丝体（见第60～61页）以及形成菌索结构的木材腐朽菌（见第118～119页）在搜寻其他食物来源时，会远离其能量源进行生长，形成一个庞大的网络，而这些网络处于不断变化中。

　　菌根真菌是一类特殊的真菌，它们通过与树木建立共生关系获取碳水化合物作为食物来源。除此之外，它们还会在更广阔的范围内寻找矿物质、营养物质和水源。每棵树上都生长着多种多样的菌根真菌，而且单独的一类真菌也能与不止一棵树的根系形成菌根结构，能构建出一个包含多棵树的复杂网络，有时甚至包括不同种类的树。这些真菌网络在生态系统中被称为树维网，也称木维网。通过这个网络，营养物质、糖分、水分以及化学信息可以在树木间传递。目前，我们尚不确定在森林中，树木之间这种物质传递的实际情况究竟如何。不过可以肯定的是，菌根真菌对于树木的健康生长具有至关重要的作用。

　　木腐菌与菌根真菌不同，它们必须不断寻找新的木材作为食物来源。这是因为它们作为分解者，在分解木材的过程中实际上会逐渐消耗掉自身所处的"居所"。一些木腐菌会从木材内部向外生长，以寻找新的食物来源。在寻找过程中，菌丝体连接这些资源的部分会逐渐变粗，形成绳索状的结构，而其他区域则会逐渐消失（见第42～43页）。最终，这些菌丝体会将许多木块连接在一起，形成另一种形式的"树维网"。与此类似，蜜环菌（*Armillaria*）属物种也会用它们的黑色根状菌丝体（见第118～119页）将已死和濒临死亡的树木连接起来。

网络对物种的保护作用

网络对物种的保护作用体现在多个方面。除了为植物提供必需的水分和矿物质营养外，它还能够保护植物免受一些根系病原菌的侵袭。小根周围的菌丝体会形成一个保护屏障，提供物理上的隔离，而且菌丝体还会产生特定的化学物质，用于抑制某些微生物的生长。

幽灵植物

　　幽灵植物之所以得名，是因为它们的颜色并非绿色而是白色。这些植物依赖地下的真菌获取碳水化合物、水和矿物质营养。然而，幽灵植物并不为真菌提供任何回报。它们还利用真菌与树木之间的菌根共生关系获取糖分，进行双重寄生。

真菌因其寄生行为而广为人知，但它们并非唯一能够骗取伙伴养分的生物。实际上，一些植物也能利用与真菌菌丝的共生关系获取营养。这种行为正是这些植物的生存策略，在自然界中并不罕见。

善于"欺骗"的植物

幽灵植物

幽灵植物——水晶兰是一类特殊的开花植物，它们无法进行光合作用。与通过阳光获取能量从而制造食物的植物不同，它们依赖地下真菌获取能量。这些幽灵植物的根部呈肉质球状，很少有根系延伸到土壤中。真菌进入这些根部，形成一层鞘状结构，类似树木的外生菌根。这些真菌同时与树木形成菌根共生关系，将糖分（从树木中获取）以及水和营养物质（真菌从土壤中获取）传递给幽灵植物。因此，幽灵植物不仅寄生于真菌，还利用真菌作为食物运输管道，间接地寄生于树木。

兰花

兰花是一类非常特别的植物，包含超过2.8万个物种。它们的种子都很小，无法储存大量的养分。兰花种子一旦开始发芽，便会向外界发送化学信号吸引真菌。这是因为兰花种子必须迅速与真菌伙伴建立关系，才能确保自身的生存。在所有的菌根共生关系中，真菌都会为植物提供矿物养分和水。然而，在与兰花的共生关系中，真菌还要额外提供糖分，这些糖分是从其他来源获取的。很多真菌处于这种共生关系中，有些是木腐菌，例如某些种类的栓菌（*Trametes*）和小皮伞菌（*Marasmius*），有些是植物病原菌，如丝核菌（*Rhizoctonia*）。

大部分成熟的兰花长有绿叶，可以通过光合作用自行制造糖分，然后与真菌伙伴共享。但是，有超过200种的兰花完全无法进行光合作用，如黄褐色的鸟巢兰。这意味着它们无法给真菌伙伴提供任何回报，从某种程度上看，这些兰花也是寄生植物。

蚁球阿太菌
Athelia termitophila

该真菌在形态上与白蚁卵有所区别，但它产生的"球"具有光滑的表面并能释放出特定的化学信号。这些特征使其能成功模拟白蚁卵并骗过白蚁，最终，这些真菌的菌丝会从球中长出来并吞噬白蚁卵。

德古拉兰花

德古拉兰花也称"猴面小龙兰"，散发着类似蘑菇的气味，它的中心花瓣（唇瓣）看起来就像一个倒置的蘑菇。这种视觉上的拟态加上蘑菇般的气味，使它成功吸引昆虫前来拜访花朵、为其授粉，甚至还有昆虫在花冠内产卵。

同丝柄锈菌

当同丝柄锈菌（*Puccinia monoica*）感染其宿主德拉蒙德岩芥时，这种植物会形成一种黄色的"伪花"。这些"伪花"内部含有真菌的繁殖结构，其外观类似于常见的金凤花。金凤花通常生长在该植物附近。由于这些"伪花"能吸引昆虫，因此有助于同丝柄锈菌的传播。

　　自然界中充斥着众多善于欺诈的生物。有些生物会采取欺骗手段，有些则会模仿其他生物，有些甚至会在模仿的过程中伤害模仿对象。真菌也不例外。一些植物会模仿真菌，同时也有一些真菌能模仿植物，甚至是动物。

拟态者

是蘑菇，还是花朵？

　　在中美洲和南美洲潮湿多雾的云雾林中，有一种呈斑驳紫色的花，它们的中心呈蘑菇状，生长在树木表面。这些花甚至散发着蘑菇般的气味，但它们实际上是德古拉兰花。这种独特的伪装成功地吸引了正在寻找适合产卵场所的传粉昆虫。

　　真菌界同样存在着欺骗行为。一些寄生真菌会改变宿主植物的外观，以助力自身的传播。以嗜木镰刀菌（*Fusarium xyrophilum*）为例，它寄生于圭亚那的黄眼草上。该真菌会抑制黄眼草开花的能力，转而使其菌丝产生黄色、类似花瓣的结构。这些结构在外观上酷似真正的植物花朵，但其功能是产生孢子。同丝柄锈菌也采用了类似的策略（见左页）。

蚁球阿太菌

　　蚁巢伞（*Termitomyces*，又称鸡枞菌）可以与某些白蚁群体形成互惠互利的关系。然而，并非所有真菌都如此友善，有些真菌只会拿走所有的好处，而不给予任何回报。在某些情况下，这些真菌甚至会造成严重的伤害。例如，蚁球阿太菌（*Athelia termitophila*）会为了生存制造出一种"白蚁球"结构，它们会被散白蚁和家白蚁误认为是自己的卵并带回白蚁卵的育雏室。在那里，这些"白蚁卵"会得到精心照料并被保存在一个无竞争者、相对稳定的环境中。这种行为类似于杜鹃鸟将自己的蛋产在其他鸟的巢中，让代孵父母在雏鸟孵化后喂养它们。

有些真菌难以肉眼察觉，但实际上所有植物体内都有内生菌微生物。这些内生菌通常是细菌或真菌，它们隐藏在植物体内生长，会对植物产生深远的影响。

隐藏的真菌：内生菌

菌丝　　　　　植物细胞

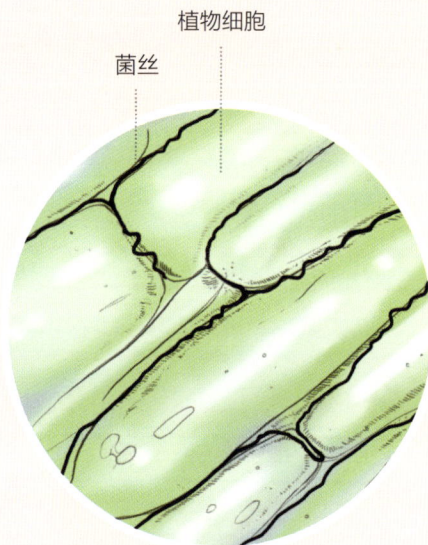

内生菌存在于植物体内，有些是腐生菌或病原体，等待进食机会；有些完全是偶然进入植物体内；还有一些则对植物有益，例如提高植物抗病性或产生毒素驱赶昆虫（见右图）。这些内生菌主要通过孢子传播，利用植物的自然开口或微小伤口进入植物体内。部分真菌还能通过宿主植物的种子进行传播。

援助之手

暗色有隔内生菌因其深色的外观以及具有隔膜的细胞结构（见第16页）而得名，已知600多种植物的根部都寄生了这种真菌，尤其是在恶劣环境下，如北极地区、沙质土壤以及被重金属污染的区域。这些内生菌可能有助于植物抵抗这些环境压力，并为植物提供营养，因为有些菌类会在植物根部形成与菌根真菌类似的网络。

另外，在一些草本植物的根、茎和叶中也发现了子囊菌和担子菌等内生菌的存在，尤其是在严酷压力环境下。以大刀镰刀菌（*Fusarium culmorum*）为例，它能促使沿海滨草在盐渍地中生长。

香柱菌的深入观察

香柱菌（*Epichloë*）以微小菌丝的形式在禾草的茎杆内生长。这些菌丝在植物细胞间蔓延，但并不穿透细胞壁。与其他大多数内生菌不同的是，香柱菌通常通过附着在禾草的种子表面或侵入种子内部进行传播。因此，当这些种子中萌发出新植株时，该真菌已经存在于植物体内。香柱菌能产生一系列毒素，包括麦角生物碱（见第258～259页）。

羊茅香柱菌
Epichloë festucae
该菌会在紫羊茅的嫩芽上形成产孢结构。

羊茅香柱菌的菌丝不仅能够蔓延到花头周围，还能形成生殖结构子囊座，从而阻止草的进一步生长。真菌化合物会吸引苍蝇，这些苍蝇会带来与真菌兼容的孢子，孢子落在子囊座上，促成有性生殖。这会形成一个包含黄色凹陷结构的物体，内含瓶状子实体，每个子实体内部都有包含有性孢子的囊泡。

粗壮芨芨草
Achnatherum robustum
粗壮芨芨草分布于美国西部，也被称为"昏睡草"。这种草含有能产生类似致幻剂麦角酸二乙基酰胺（LSD）物质的内生菌（见第258～259页）。当马匹啃食这种草时，它们会熟睡不醒，通常持续好几天。在亚洲发现的醉马草以及在南非发现的俯仰臭草等植物中也证实有类似的内生菌存在。

地衣在外观上类似于植物，然而，它们实际上是由真菌与藻类和蓝细菌共同组成的共生体。这种共生关系促使了一种全新生物的诞生，它们能够在地球上一些最极端的环境中生存下来。

地衣

已知的地衣物种数量约为2万种。大多数地衣属于子囊菌门，但也有一部分属于担子菌门。这两种类型的地衣在形态上存在着明显的差异：担子菌门地衣会产生蘑菇形状的子实体。

这些真菌起着保护其共生伴侣（藻类和蓝细菌）的作用，并为它们提供水分和营养物质，这些物质是从环境中获取的。作为回报，藻类和蓝细菌会利用太阳能制造碳水化合物，并将这些碳水化合物提供给真菌。

从表面上看，这种地衣共生体似乎对双方都有利。然而，由于真菌控制着共生伴侣的食物来源，从而控制其生长，因此这种共生关系实际上更类似于寄生关系。

在压力环境下茁壮成长

大多数地衣的生长速度极慢，每年仅增长不到1毫米。然而，由于它们的寿命相当长，可以逐渐生长成相当大的个体。有些地衣甚至可能存活数百年，乃至数千年之久。地衣常常在压力环境下生长，如裸露的岩石或树木等，在这些地方，真菌和藻类都无法单独生存。

地衣在极端生态系统中扮演着至关重要的角色。例如，黄枝衣（Teloschistes capensis）在沙漠中占据主导地位，而生长异常快速的雀石蕊（Cladonia stellaris）又名驯鹿苔藓，能在苔原和亚北极森林的广阔地区形成深达15厘米的苔藓厚毯。驯鹿苔藓是驯鹿主要的冬季食物来源，驯鹿能够嗅出深埋在1米厚积雪下的苔藓。

A. 最显眼的地衣当属枝状地衣。它们通过单一的附着点与基质相连，由直立的小管组成，形成了丛生的结构。这些地衣的外观通常破旧不堪，或者悬挂在树枝上。其中，树花衣（*Ramalina menziesii*）是美国加利福尼亚的州地衣。

B. 最常见的地衣类型为壳状地衣。这类地衣能形成薄薄的壳层，附着在基质上或在基质内部生长，并且难以剥离。它们的下层是一层藻类细胞，上层是一层明显的真菌组织。这些壳状地衣生长速度缓慢，但却具有相当长的寿命，一些在北极地区发现的壳状地衣据估计已经存活了超过1000年。

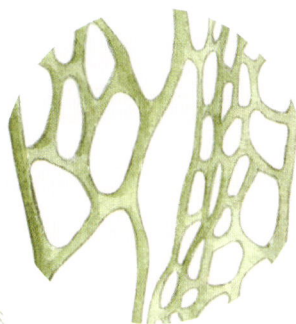

A

C. 在湿润的气候条件下，叶状地衣常见于树木和伐倒木上。叶状地衣类似于三明治，为多层结构。最外层是由紧密交织的菌丝形成的表皮，内部则是由较为松散的菌丝网以及位于表皮下方的藻类细胞组成。在最底部，还有一层紧密交织的菌丝层，用于附着在叶状地衣所生长的基质上。

B

C

当真菌侵袭农作物时，受到威胁的并不仅仅是植物，全球的粮食生产都将遭受严重威胁。真菌病害每年会导致数亿吨农作物的损失。

真菌病害与农作物

大多数植物都具备抵御真菌侵染的能力。它们拥有物理层面的防御屏障，例如树皮便能有效地防止真菌的侵入和定殖。即使这些防御机制失效，植物通常也能通过感知机制识别外来真菌，并释放具有抗真菌活性的化学物质进行自我保护。大多数情况下，这样的防御策略足以防止植物受到严重的病害。然而，对某些感病性较强的植物种类来说，真菌的侵染可能招来毁灭性的后果。

锈病

锈病对植物而言是最具破坏性的真菌病害之一。这类病害由一群担子菌门的真菌引起，因其在植物上产生的橙色病斑得名。这些真菌的生命周期极为复杂，令人惊叹。以禾柄锈菌（*Puccinia graminis*）为例，它会引起小麦锈病。这种真菌会在小麦的主要生长期侵染小麦，并在小麦残株中休眠越冬。到了早春，它会开始发芽，孢子会传播到一种名为刺檗的转主寄主上。这样，真菌的生命周期得以延续，直到它的首选寄主小麦可以再次为它所用。

玉米黑粉病

当担子菌门的玉米黑粉菌（*Ustilago maydis*）侵染玉米时，它会在玉米植株上形成黑色的肿瘤状突起，这些突起被称为菌瘿或黑粉病。菌瘿内含有丰富的植物组织、真菌菌丝以及蓝黑色的孢子。值得注意的是，这些由侵染产生的黑粉病菌竟然具有食用价值，并且还是一种口感绵软的墨西哥美食——墨西哥松露的基础原料。

灰霉病

当草莓等软质水果表面出现模糊的灰褐色霉菌时，罪魁祸首通常是子囊菌门的灰葡萄孢菌（*Botrytis cinerea*），又称灰霉菌。这种病菌在零售食品链的不同阶段都可能侵染黄瓜和西红柿等多种作物，并引发灰霉病。然而，灰霉病菌有时也会产生有益效果。在某些特定条件下，该真菌会引发葡萄的贵腐病，而感染贵腐病的葡萄可用于酿造餐后甜酒。

锈病的早期症状通常会在小麦植株暴露于锈病菌后的两周内出现。这些症状包括叶片表面出现橙色的粉末状脓疱。

每个椭圆形的脓疱内含数百个橙色的锈菌孢子。这些锈菌孢子被释放后会散布到周围环境中。

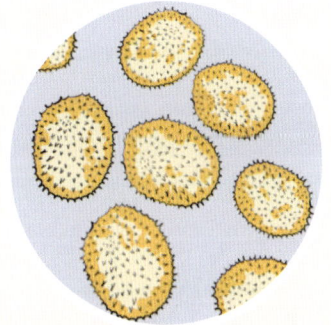

这些具有疣状突起的孢子，是由禾柄锈菌在小麦和刺檗的病害循环中产生的五种不同孢子类型之一。

一种毁灭性的真菌病害正在威胁着香蕉的生存，如果科学家无法化解这场危机，香蕉可能会彻底从我们的水果盘中消失。

拯救香蕉

香蕉的繁衍

农民们通过培育种子较少的香蕉植株，提高了香蕉的口感和品质。然而，这也导致这些植株失去了自然繁殖的能力。目前，香蕉植株是通过无性繁殖的扦插法繁衍后代的，新一代植株只是其"母株"的复制品。由于无法进行有性繁殖，现代香蕉植株缺乏可能有助于抵御真菌病害的遗传特性，因此非常脆弱。

6000多年前，第一株香蕉在印度尼西亚被培育出来。然而，随着时间的推移，主要的香蕉品种——格罗斯·米歇尔在20世纪50年代末彻底灭绝，罪魁祸首是一种名为巴拿马病或镰刀菌枯萎病的严重真菌病害，由尖孢镰刀菌（*Fusarium oxysporum*）引发。这种真菌会侵袭植株的输水组织，阻断水分到达叶片，导致植株枯萎并最终死亡。

为了替代格罗斯·米歇尔，人们引进了更具抗性的卡文迪什香蕉，通过无性繁殖的扦插法进行繁衍。如今，卡文迪什香蕉占全球所有出口香蕉的99%以上。然而，一种更具攻击性的尖孢镰刀菌新变种正在侵袭香蕉种植园，对卡文迪什香蕉构成威胁。

传统的杀菌剂似乎对这种新变种无效。更糟糕的是，这种真菌可以在没有香蕉植株的土壤中存活数十年。培育具有抗性的香蕉植物品种也面临困难，因为所有香蕉植物都与早期的卡文迪什香蕉具有亲缘关系。

为了拯救这种深受人们喜爱的水果，科学家们正在尝试利用基因编辑技术操控香蕉的基因组，以繁殖出对真菌具有抗性的细胞。然而，在这些努力取得成功之前，备受人类喜爱的香蕉的命运仍然悬而未决。

尖孢镰刀菌是如何感染香蕉作物的

1.

这种真菌能够形成一类具有厚壁的孢子，被称作厚垣孢子。它们有着极强的生存能力，可以在土壤中存活很多年。

2.

孢子在接收到来自环境的信号时就会萌发。香蕉植株生长过程中根系释放的营养物质就是一种环境信号。

3.

真菌的菌丝穿透香蕉植株的侧根，并在维管束（导水组织）的细胞间开始生长。然而，在这一阶段，真菌感染的可见症状并不明显，难以辨识。

香蕉茎中病害症状的横截面

4.

由于真菌阻断了植株体内的水分运输，植株出现枯萎现象，下部的叶片开始变黄。

5.

最终，真菌到达叶片并在表面生长，释放出它的孢子。

6.

该疾病主要通过植株之间重叠的根系进行传播，同时，感染后脱落的叶片也会将真菌孢子释放到土壤中，进一步扩散疾病。

在花园中，几乎所有的植物都与真菌有着密切的关联。有些真菌对植物有益，形成了菌根共生关系；另一些真菌则负责分解植物的废弃物。然而超过70%的植物疾病是由真菌引起的，因此真菌并不总对园丁有利。

园丁的噩梦

蜜环菌

在自然界中，蜜环菌属（*Armillaria*）包含多个物种，因其蜜色的蘑菇而得名。这些蘑菇具有一种微弱的酸性香气，具有生物发光特性，能在极度黑暗的环境下发出微弱的光芒。其中一些真菌会侵染活的乔木和灌木，并以枯木为食。

蜜环菌通过一种称为"根状菌索"的黑色或棕色的粗靴带状的菌丝体结构进行传播（见第118~119页）。根状菌索能够大范围传播，从一棵易受感染的植物扩散到另一棵。对于园丁来说，这些真菌无疑是一场噩梦，因为除了将已被感染的植物、所有的根状菌索以及其他被侵入的物质全部挖出并进行处理，再选择具有一定抗性的植物进行种植之外，园丁再没有其他有效的控制方法。

真菌病害

白粉病是由多种真菌引起的，会在叶片、茎干甚至花朵上覆盖一层白色的粉状物质。这种覆盖物减小了植物进行光合作用的面积，因此会严重影响植物的产量。值得注意的是，白粉病真菌的寄主范围相对狭窄，例如，引发老鼠簕属植物白粉病的真菌与引发黄瓜白粉病的真菌不同。然而不幸的是，对于园丁来说，他们需要面对的是众多不同类型的白粉病，这些病害会影响许多不同的植物。

A. 樱桃叶斑病广为人知。在20世纪90年代，由于国际间植物材料的运输未经过充分的病原真菌检疫，该病在英国成为一个严重问题。该病由病原真菌小布氏菌（*Blumeriella jaapii*）引起，主要症状为樱桃叶片上出现紫色斑点，常常导致叶片变黄并过早脱落。

C. 玫瑰园丁们都会遇到一种由蔷薇双壳（*Diplocarpon rosae*）引起的病害——黑斑病。这种病害会在玫瑰叶片的上表面产生黑色或紫色的斑点，并可能导致叶片过早脱落。另外，由槭斑痣盘菌（*Rhytisma acerinum*）引起的漆斑病也相当常见。虽然这些大块的黑色斑点看起来有些不美观，但它们对植物造成的实际损害相对较小。

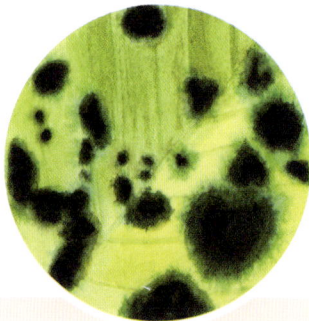

A

B

B. 樱桃、苹果、梨和李子等水果均易受到多种腐烂真菌的侵害，特别是匍枝根霉（*Rhizopus stolonifer*）、扩展青霉（*Penicillium expansum*）以及链核盘菌属（*Monilinia*）等真菌。由链核盘菌引发的褐腐病在花园和果园中尤为常见，通常在初秋时节爆发。这种真菌一旦通过果皮上的伤口侵入果实内部，便会迅速在果肉中扩散，导致果实枯萎并逐渐变为棕色。

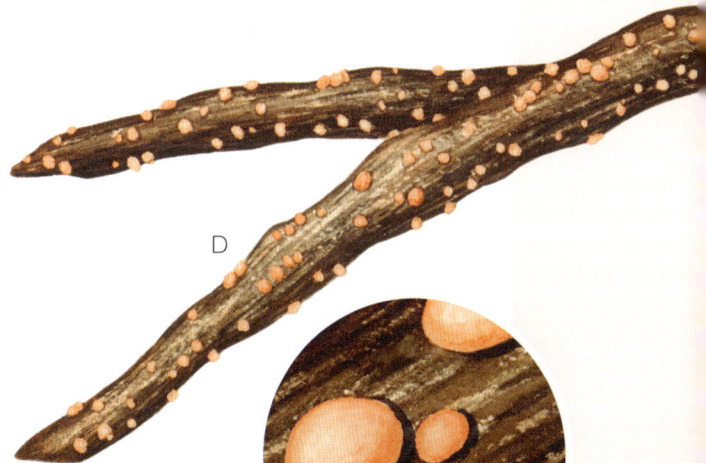

C

D

D. 珊瑚斑病，由朱红丛赤壳菌（*Nectria cinnabarina*）引起，取名自病斑上覆盖的珊瑚粉色疱状突起，内部充满了孢子。

树木在世界上的许多地区的自然景观中占据着主导地位。然而，数千年来的人类活动不断改变着树木环境。与此同时，真菌也在以极具戏剧性的方式大规模地杀死树木。

树木的危机

人类进行的全球性种子、活体植物和木材贸易，无意中促进了真菌病原体传播到新区域，为当地生态系统带来了潜在威胁。

荷兰榆树病

荷兰榆树病是一种毁灭性的树木疾病，曾经席卷了欧洲和北美洲的大部分温带地区，导致无数高大的榆树死亡。第一次流行病发生在20世纪初至40年代期间，由榆蛇口壳菌（*Ophiostoma ulmi*）引起，导致欧洲10%~40%的榆树死亡。在20世纪40年代后，第二次更具破坏性的流行病浪潮开始蔓延，这次由与之有亲缘关系的新榆蛇口壳菌（*Ophiostoma novo-ulmi*）引起。这种病原体能产生毒素并阻塞树木的水分运输系统，导致树木枯萎死亡。在北半球，这种疾病已经导致数百万棵树木死亡。

栗疫病

栗疫病于1904年首次发现于纽约布朗克斯动物园的树木上，但据推测，该病原真菌可能在30年前就已通过进口的树木传入了北美。引起栗疫病的病原体是一种子囊菌门的真菌寄生隐丛赤壳菌（*Cryphonectria parasitica*）。这种病菌通过侵入树皮上的伤口，定殖于树木内部并破坏活组织，进一步形成被称为溃疡的凹陷病变。随着时间的推移，这些溃疡逐渐扩大并环绕树干，导致树木生长受阻并最终死亡。美洲栗树曾是美国东海岸地区的主要树种，然而到了1950年，由于栗疫病的广泛传播和强悍的破坏力，几乎所有的美洲栗树都已死亡，整个生态系统发生了巨大的改变。

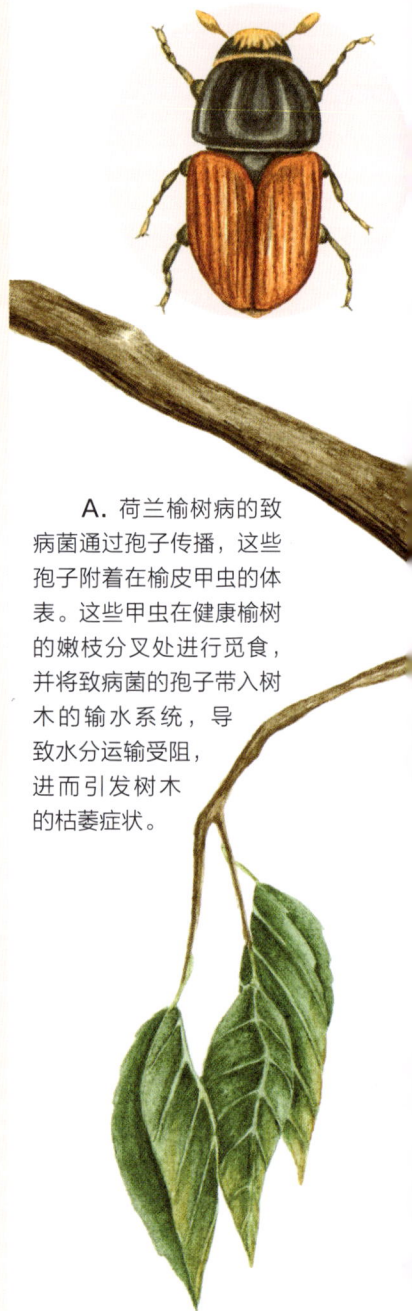

A. 荷兰榆树病的致病菌通过孢子传播，这些孢子附着在榆皮甲虫的体表。这些甲虫在健康榆树的嫩枝分叉处进行觅食，并将致病菌的孢子带入树木的输水系统，导致水分运输受阻，进而引发树木的枯萎症状。

B. 雌虫在死亡或濒临死亡的树木皮下挖掘通道，又称坑道。剥开树皮就可以看见这些坑道。雌虫在这些坑道内觅食和产卵，一旦虫卵孵化，幼虫便会以与母虫坑道垂直的方向挖掘新的坑道。

C. 当幼虫发育为成虫后，会在树皮上咬出羽化孔，飞出去进行交配，它们身上也会携带真菌孢子。这些羽化孔在树皮上很容易观察到。

在过去的几十年里，由真菌引发的一系列新型疾病纷纷涌现，对动物、白蜡树等多种生物体产生了广泛的影响。

不断涌现的真菌疾病

过去，真菌病害主要作用于农作物和其他植物，然而，由于气候变化和人类活动的影响，真菌已逐渐扩展宿主范围，对更多的物种构成威胁，现已确认真菌对蝙蝠、蟾蜍（见第90~91页）、蜜蜂和红海龟等多种生物均具有潜在危害。此外，真菌还能引起珊瑚的白化病变，导致海扇发生曲霉病（见第152~153页），同时也威胁着某些开花植物，如桃金娘。

白蜡树枯梢病

白蜡树枯梢病于20世纪90年代初在波兰首次被发现，该病害可导致整个景观范围内的白蜡树全部死亡。其致病真菌为白蜡膜盘菌（*Hymenoscyphus fraxineus*），是一种原产于东亚的子囊菌。然而，在其原产地，这种真菌对寄主梣树的危害却很小。该真菌可以通过受感染的白蜡树苗和种子在森林苗圃之间传播，也可以通过有性孢子（即子囊孢子）随风扩散。目前，这种真菌已经广泛传播至欧洲的大部分地区，在英国和爱尔兰等地也有分布。然而，这种病害在成龄树中的发展相对较慢，且部分成龄树显示出抗性。因此，白蜡树仍有希望繁衍，不会就此灭绝。

白蜡树枯梢病的周期

孢子进入树叶内部

子囊孢子随风传播，黏附于健康叶片表面，在叶片表面迅速萌发并穿透表皮层。真菌菌丝在叶内组织中生长，导致夏末出现黄褐色坏死斑块。

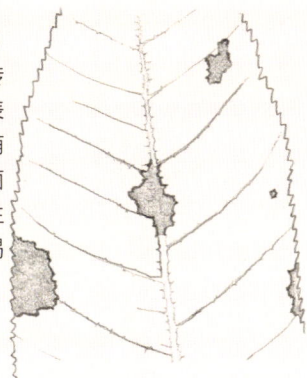

树叶枯死

真菌扩散至叶柄，破坏植物组织，导致叶片枯萎死亡。

子囊果成熟

夏季形成成熟的杯状子囊果（即子实体）。早晨，这些子囊果完全张开，释放出子囊孢子。此时正值露水降落之际，推测是为了保护子囊孢子避免因干燥而失去活性。

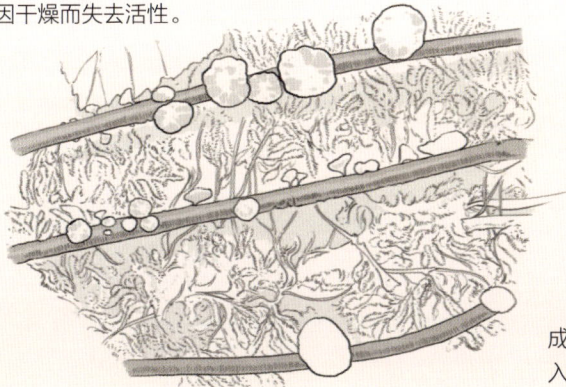

枯梢病菌进入枝干

通常情况下，叶片会在真菌生长到茎部之前脱落。一旦真菌成功地从叶柄侵入茎内，便会导致茎部形成坏死病变。这种情况下，由于水分传导组织受损，整株植物都有可能发生枯萎。这种枝条枯萎的现象在夏季尤为明显。

叶柄中存在真菌病原体

冬季，真菌在落叶的叶柄中休眠，形成有抗性的黑色保护层，阻止其他真菌侵入，保持适宜环境，等待在条件成熟时形成子实体。

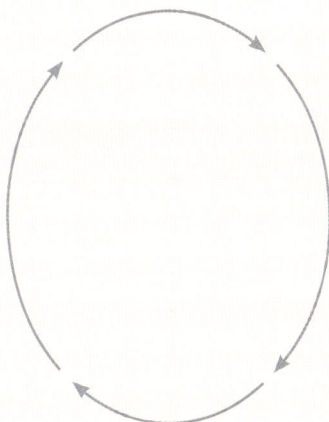

有些昆虫难以消化木头和树叶，便转而与真菌形成了互利共生的伙伴关系。

真菌与无脊椎动物的
共生关系

　　有的昆虫为真菌觅食，有的昆虫则引导真菌找到食物。真菌消化植物性物质后，会留下可供无脊椎动物摄取的营养物质。

无脊椎动物成了真菌的"农民"

　　大约5000万年前，南美洲的切叶蚁开始在巢穴中培育真菌，从而成为最早的"农民"。换句话说，真菌是最早拥有"仆人"的生物。切叶蚁不仅为真菌寻找食物，还帮助它们远离害虫，并为它们提供相对稳定的生长环境。

搭上顺风车

　　数千种甲虫会在树皮之下打洞，或者进入更深的树干中。这些所谓的树皮小蠹中有很多携带真菌，包括蓝变菌，例如蛇口壳属（*Ophiostoma*）和长喙壳属（*Ceratocystis*）。这种甲虫与真菌的共生关系实现了双赢：真菌获得了食物，而某些甲虫则会食用这些真菌。然而，这种共生关系有时会导致树木受损，因为一些真菌和甲虫最终可能会杀死它们的宿主树。

　　食菌小蠹具有特殊的育菌袋，能将它们的共生真菌携带到食物来源处——包括死亡、垂死以及健康的树木。食菌小蠹雌虫会深入挖洞，并将挖出的木屑推出，形成所谓的"面条"。它们在这些洞穴中创建坑道，用于产卵和孵化幼虫。虫道真菌和其他以木材为食的共生真菌会在这些坑道的壁上生长，为食菌小蠹的成虫以及正在成长的幼虫提供更有营养的食物。

松树蜂

与食菌小蠹类似，松树蜂会钻入木材筑巢，并使用特殊的囊袋携带细淀粉韧革菌属（*Amylostereum*）的真菌孢子。当松树蜂雌蜂产卵时，它们还会将孢子沉积在树皮下方。

壳状真菌——细淀粉韧革菌

细淀粉韧革菌是一种木腐菌，能够软化木材并改善它的营养质量，使松树蜂幼虫更容易挖洞获取食物。

网纹蚁巢伞

与切叶蚁类似，网纹蚁巢伞（*Termitomyces reticulatus*）与大白蚁之间存在互利共生关系，其中工蚁将植物物质运至位于地下的真菌"苗圃"。这些真菌属于担子菌门中的白蚁菌，能够分泌胞外酶分解植物物质并吸收营养物质。经过消化后，真菌形成富含营养的真菌孢子或菌丝球，供大白蚁食用。

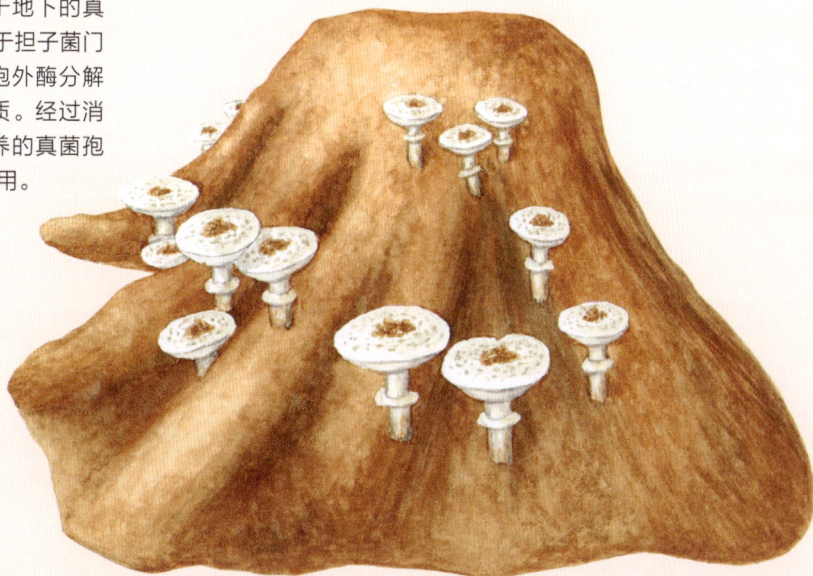

真菌与植物建立了互惠关系，包括供应食物、提供栖息地等。同样地，真菌与鸟类和哺乳动物之间也存在着相似的合作关系。

真菌与鸟类、哺乳动物的
互惠共生关系

真菌能凭借体内丰富多样的酶类分解复杂的天然化合物，并且能够在营养匮乏的环境中获取并聚集营养物质，因此成为许多动物的重要食物来源。然而，真菌首先需要能够直接接触到或被携带到这些复杂的食物来源地。真菌与动物之间的合作伙伴关系常常基于这种互补的需求而形成。另外，提供一个安全稳定的栖息地也是真菌与动物建立合作关系的重要因素。

真菌和鸟类的关系

超过50种鸟类以真菌为食，具有远距离传播真菌孢子的能力。例如，澳大利亚国王鹦鹉会吞食一种黄橙色的北方瘿果盘菌（*Cyttaria septentrionalis*）。这种真菌一簇簇挂在树枝上，看起来更像是某种植物的果实，而不像子囊菌的子囊果。

此外，至少有30种鸟类与真菌形成共生关系，利用真菌在树上筑巢。例如，北美濒临灭绝的红顶啄木鸟喜欢在长叶松上筑巢。老长叶松受到松孔迷孔菌（*Porodaedalea pini*）等真菌感染而变得心材柔软，更受这些鸟的喜爱。科学家们推测，这些鸟类可能会先将真菌接种到树木中。

真菌与食草哺乳动物的关系

食草哺乳动物主要以植物为食，但它们自身并不能产生分解植物所需的各种酶。因此，这些哺乳动物必须与体内的微生物（包括真菌）进行合作，以便从食物中获取能量和营养。这种合作关系对真菌来说也是有益的：它们得到了食物来源，并且拥有了一个相对稳定的生存环境。

以牛、羊等反刍哺乳动物为例，它们的瘤胃（即它们的第一个胃）中寄居着真菌、细菌和其他微生物。瘤胃的温度通常维持在39~40.5℃，高于哺乳动物的体温，并且瘤胃内几乎没有氧气，主要气体是二氧化碳和甲烷。尽管这种环境对于大多数真菌来说并不适宜，但对于一类壶菌，即新丽鞭毛菌门（Neocallimastigomycota）来说，却是理想的生活条件。这类壶菌的根状茎能够穿透被摄入的植物物质，帮助动物消化它。

松孔迷孔菌
Porodaedalea pini
　　松孔迷孔菌等木腐菌会导致木材空洞和软化，使得动物更容易挖掘巢穴。例如，红顶啄木鸟能更轻松地在受这种真菌感染的长叶松上开凿巢穴。

青黄红菇
Russula olivacea

野生动物的食物
　　真菌的子实体是各类
野生生物的重要食物来源。
多种蝇类、甲虫类、蛞蝓
和蜗牛均以真菌子实体为
食，甚至有些生物还能在
子实体内进行繁殖。某些
无脊椎动物能够安全地摄
食对人类具有毒性的真菌。

真菌具有丰富的营养成分，成为许多昆虫青睐的食物；无脊椎动物也为某些真菌提供了食物来源。自然界中的生物相互依存，形成了复杂的食物链和生态系统。

食用或被食用

许多土壤无脊椎动物和一些小型哺乳动物都以真菌的子实体为食。潮虫、千足虫、跳虫和苍蝇等生物会食用在土壤中生长的真菌菌丝，或在啃食腐烂的木头与树叶时无意间吃到菌丝。线虫（蛔虫）和某些苍蝇也会以真菌的菌丝、菌柄和菌褶为食。与此同时，虫霉目（Entomophthorales）真菌和少数几类子囊菌能够杀死昆虫获取自己所需的营养。在营养贫瘠的环境中，尤其是缺乏氮元素的情况下，一些腐生真菌能够诱捕并消化微小的线虫。

真菌陷阱

超过300种真菌进化出精巧的陷阱机制，用于诱捕土壤中毫无戒备的线虫。最简单的陷阱是菌丝上的小突起，表面覆盖黏性物质。一旦线虫接触到这些致命的"棒棒糖陷阱"，便再也无法逃脱。即使线虫挣脱了黏性物质，这些突起仍然会附着在它的身上。随后，从突起处长出的菌丝会侵入线虫体内，从内部将其消化。还有一些真菌使用黏性捕食环或复杂的黏性网络来捕捉线虫。其中最残酷的可能是由三个细胞构成的"套索"。当线虫穿过时，这三个细胞会立即膨胀，紧紧套住猎物。另外，有些真菌会产生能够黏附在线虫上的孢子，或者形成钩状孢子卡在线虫的喉咙中。无论使用哪种方法，真菌的菌丝都会在侵入线虫体内后不断生长，最终将它消化掉。

作为食物来源的子实体

无脊椎动物通常专门食用某种类型和部位的真菌子实体。有些无脊椎动物会边吃边钻入子实体较厚的部分，而另一些则选择在菌褶和孔隙中进食。纳米小蕈亚科甲虫由于体型微小，能够顺利爬进檐状菌的子实体内部；有些隐翅虫会利用口器刷掉孢子；扁角菌蚊则会在檐状菌的下方织网，用于捕捉掉落的孢子。

昆虫病原真菌（属于虫生真菌）往往依赖宿主传播孢子，为实现此目标，它们采用了多种令人毛骨悚然的策略，例如操纵宿主或使宿主僵尸化。

僵尸化现象

　　据估计，全球有超过150万种的昆虫病原真菌，它们是昆虫的捕食者；一些昆虫病原真菌甚至被用作天然的生物防治剂（见第278~279页），在生态系统中发挥着重要的作用。

　　当某些昆虫感染了特定的昆虫病原真菌时，会表现出一些异常行为。以能感染蝗虫或蚱蜢的蝗噬虫霉（*Entomophaga grylli*）为例，在感染的晚期，这些昆虫会出人意料地攀爬并紧密附着在寄主植物上。此时，昆虫选择的最佳高度位置通常会为真菌孢子的传播提供最佳环境条件。这一病症被称为"峰顶病"。

僵尸蚁菌

　　热带地区的木蚁会感染一种被称为僵尸蚁菌的子囊真菌单侧线虫草（*Ophiocordyceps unilateralis*），并患上可怕的峰顶病。木蚁主要栖息于树冠，仅从树冠间的间隙降到森林地面，一旦到达地面，它们会遵循特定的路径前行，这种行为增加了感染僵尸蚁菌的风险。该真菌会为了自身利益将木蚁僵尸化，将其作为自身繁殖和传播孢子的工具。

僵尸蚁菌的生命周期

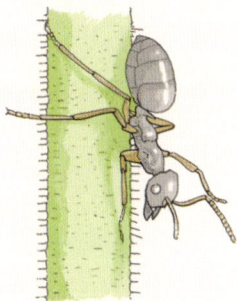

死亡之握

在真菌区内，被感染的蚂蚁会展现出临终行为。它会用强大的咬合力以"死亡之握"的姿态牢牢咬住幼树树叶的下方。在这一过程中，蚂蚁完全处于瘫痪状态，最终由于营养不足而死。

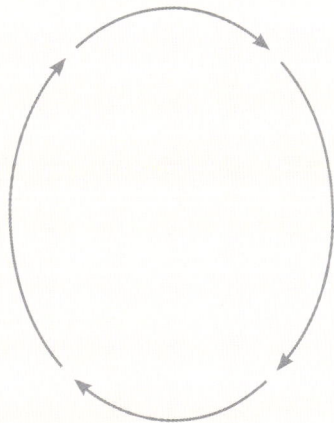

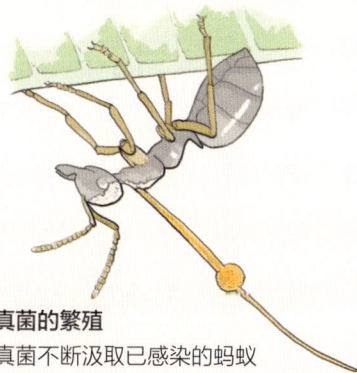

令人震惊的现象

蚂蚁如常回到树冠觅食，但在感染后的2~4天内，真菌会对蚂蚁的行为产生显著的影响。受到真菌控制的蚂蚁会离开树冠并逐渐向下移动，在位于距地面25厘米的真菌区内蹒跚而行，这一区域是真菌生长的最佳环境。

真菌的繁殖

真菌不断汲取已感染的蚂蚁体内的养分。随着时间的推移，已经僵尸化的蚂蚁尸体的头后方会伸出一个棒棒糖状的结构，内部包裹着许多瓶状的小型子实体，这些子实体中含有囊状的有性孢子。

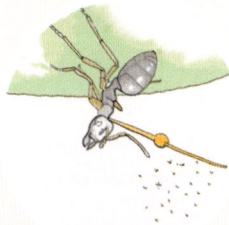

真菌孢子感染蚂蚁

一只蚂蚁在从树冠爬向地面觅食点的途中，不幸穿越了一个被称为"杀伤区"的危险区域。在这个区域内，孢子会黏附在蚂蚁的身体上，并迅速穿透外骨骼进入其体内。一旦真菌进入蚂蚁的体内，它会从丝状转变为酵母状，并在蚂蚁的器官之间迅速繁殖。

孢子被释放

成千上万个孢子被释放出来，在森林地面上形成了一个被称为"杀伤区"的区域。这个区域内沉积了大量的真菌孢子，位于木蚁特定路径附近。

树苗

真菌区

杀伤区

当真菌引发疾病时，带来的后果可能是毁灭性的。对于某些动物而言，这种疾病甚至可能导致其灭绝。目前，有两种新兴的传染性真菌病引起了广泛的关注：一种是针对两栖动物的壶菌病，另一种则是蝙蝠白鼻综合征。

杀伤两栖动物和
哺乳动物的真菌

两栖动物壶菌病

1987年，哥斯达黎加的金蟾蜍宣告灭绝，其罪魁祸首是一种名为蛙壶菌（*Batrachochytrium dendrobatidis*）的壶菌。

壶菌的孢子能够在水中游动，并且会附着在两栖动物的皮肤上，然后侵入它们体内。由于两栖动物通过皮肤进行呼吸和饮水，因此真菌侵入后会对它们的生理机能造成严重的破坏，最终致其死亡。

目前，已经有超过200种两栖动物受蛙壶菌影响数量下降，除了金蟾蜍外，至少还有两种物种已经灭绝，分别是澳大利亚的胃育溪蟾和尖吻蟾。这种疾病在全球范围内迅速传播，已经成为一个全球性的问题。

最近，在比利时和荷兰等地，有一种与蛙壶菌类似的嗜蝾螈蛙壶菌（*Batra-chochytrium salamandrivorans*）也对当地的火蝾螈造成了严重危害。这种火蝾螈最长可达35厘米，是欧洲最大、最著名的火蝾螈，通常寿命可达40年以上。

蝙蝠白鼻综合征

蝙蝠在冬季时通常于洞穴中冬眠，这些洞穴的全年温度维持在2~14℃。这些曾经安全的栖息地，如今却常常要与一种喜好低温的子囊菌——锈腐假裸囊子菌（*Pseudogymnoascus destructans*）共享。这种真菌在5~10℃生长最佳，一旦温度超过15℃就几乎无法生长，这与洞穴中的温度完全吻合。

蝙蝠白鼻综合征正是由这种真菌引起的疾病，正在对北美东部的蝙蝠种群造成毁灭性的影响，并且现在已经传播到欧洲北部。受感染的蝙蝠鼻子上会生长出白色菌丝，这种疾病因此得名，但白色菌丝同时也会出现在其耳朵和翼膜上。这种真菌会侵蚀蝙蝠的皮肤组织，导致蝙蝠失去脂肪储备，从而无法在冬眠中存活。尽管白鼻综合征会影响许多蝙蝠物种，但受影响最严重的是曾经非常常见的小棕蝠，其数量已经大幅度下降，甚至在其当地濒临灭绝。

这种能够杀死两栖动物的真菌之所以得以传播，部分原因在于人类对这些动物的贸易活动。

人类体表和体内的真菌

　　人体每个部位都存在着常驻真菌。尽管个体之间存在差异，但人体左右两侧的真菌多样性通常比较相似。

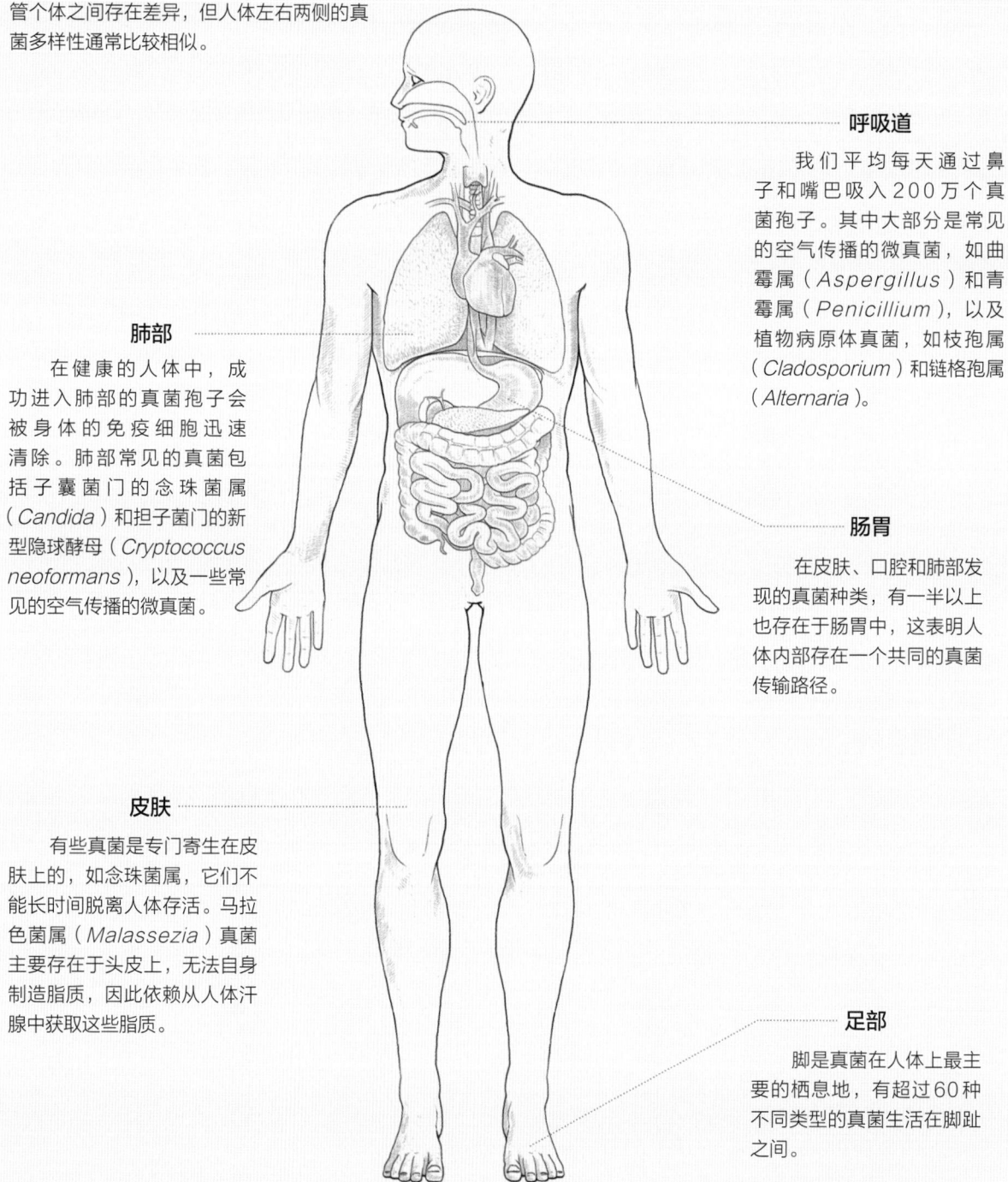

呼吸道

　　我们平均每天通过鼻子和嘴巴吸入200万个真菌孢子。其中大部分是常见的空气传播的微真菌，如曲霉属（*Aspergillus*）和青霉属（*Penicillium*），以及植物病原体真菌，如枝孢属（*Cladosporium*）和链格孢属（*Alternaria*）。

肺部

　　在健康的人体中，成功进入肺部的真菌孢子会被身体的免疫细胞迅速清除。肺部常见的真菌包括子囊菌门的念珠菌属（*Candida*）和担子菌门的新型隐球酵母（*Cryptococcus neoformans*），以及一些常见的空气传播的微真菌。

肠胃

　　在皮肤、口腔和肺部发现的真菌种类，有一半以上也存在于肠胃中，这表明人体内部存在一个共同的真菌传输路径。

皮肤

　　有些真菌是专门寄生在皮肤上的，如念珠菌属，它们不能长时间脱离人体存活。马拉色菌属（*Malassezia*）真菌主要存在于头皮上，无法自身制造脂质，因此依赖从人体汗腺中获取这些脂质。

足部

　　脚是真菌在人体上最主要的栖息地，有超过60种不同类型的真菌生活在脚趾之间。

人类体内和体表都存在着各种各样的微真菌——没有一个人身上没有真菌。每个人的身体都拥有自己独特的真菌群落，统称为真菌微生物组。

人体的真菌微生物组

微生物组是指生活在我们身体内外的微生物群落，包括细菌、真菌和病毒等。真菌微生物组则特指微生物组中的真菌。

体表上的真菌

人类身体上存在着多种真菌，这些真菌广泛分布于我们的日常生活环境中。例如，常见的子囊菌门酵母样真菌（如念珠菌属）是人类身体的常见寄生物。此外，一些丝状子囊菌（如曲霉属和青霉属）以及担子菌门的酵母样真菌（如隐球菌属）所产生的孢子都可以通过空气传播并被人类吸入。

从出生到成年

随着年岁的增长，与我们共存的真菌种群也在发生变化。目前已有明确证据显示，大多数真菌以及与我们共同生活的其他微生物对于我们的健康至关重要。新生儿从母亲和周围环境中继承真菌等微生物，具体而言，顺产婴儿与剖腹产婴儿的真菌种群存在差异，母乳喂养的婴儿会从母亲那里获得更多的真菌。婴幼儿期与真菌和其他微生物的接触对人体免疫系统的发育起着重要作用。

以马拉色菌属（*Malassezia*）为例，这是一种定居于人类皮肤上的真菌，主要以人类汗腺分泌的油脂为食。进入青春期后，随着人类皮脂分泌量的增加，马拉色菌的数量也随之增多。这种真菌能够分解油脂并释放刺激物质，从而导致头皮干燥和头皮屑的产生。为了对抗马拉色菌属，许多去屑洗发水中都添加了抗真菌成分。随着年龄的增长，人体感染口腔酵母菌的风险也会增加，这可能是由于唾液分泌量的减少。此外，肠道中的真菌种群也会发生变化，这或许是老年人更容易患上某些肠道疾病的原因之一。

　　真菌具有强大的繁殖能力，每年可产生数以百万计的后代，因此被认为是地球上最具生殖活力的生物之一，这一特点也导致空气中常年存在真菌孢子。一般情况下，吸入少量真菌孢子并不会对人体健康构成威胁，但对于某些人而言，却可能会引发过敏反应。

真菌的过敏原

不可见的过敏原

　　由于真菌孢子的微观特性，它们通常无法用肉眼看见，除非你朝马勃菌吹气（见第57页）或制作孢子印（见第172~173页）。由于体积太小，孢子容易被气流带走，从而进入我们的呼吸道。对于大多数人而言，这并不会引发任何问题。然而，对于哮喘患者、免疫功能低下者或患有花粉症等过敏性疾病的人群来说，真菌孢子是个大问题。

真菌过敏的罪魁祸首

　　真菌过敏原能够引发一系列的症状，包括但不限于流鼻涕、喉咙发痒、发烧以及头痛。据研究显示，最有可能引发人体过敏反应的真菌是微真菌，其中一部分是植物病原体，例如链格孢属（*Alternaria*）、枝孢属（*Cladosporium*）以及亚隔孢壳属（*Didymella*）。在欧洲地区，这些真菌的孢子释放高峰期恰恰与七月至九月的农作物收成期相吻合。另外，像曲霉和青霉这样的真菌，无论是在室内还是室外都能找到它们的踪迹，而且它们全年都在释放孢子。

　　许多真菌的生命力非常顽强，它们可以在各种各样的物质上存活。在户外，它们可以在堆肥堆和土壤中存活；在室内，它们则可能出现在浴帘、窗台、柔软的家具以及食物上。通常来说，室内环境中的真菌孢子数量大约是室外环境的一半。然而，如果室内环境变得潮湿或者发生了水灾，像纸细基格孢（*Ulocladium chartarum*）和黑葡萄穗霉（*Stachybotrys chartarum*）这样的黑色霉菌就有可能大量繁殖，为过敏症患者带来极大的困扰。不过这些霉菌一般来说比较容易清除，只须使用温和的洗涤剂进行擦拭即可。

真菌孢子在空气中的传播

　　据估计，每立方米的空气中存在 1000~10000
个真菌孢子，这一数量是植物花粉的 100 倍以上。
我们每次呼吸时，大约会吸入 10 个真菌孢子。

链格孢菌孢子　　　　　　　　枝孢属孢子　　　　　　　　亚隔孢壳属孢子

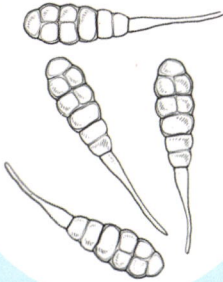

肉褐鳞环柄菇
Lepiota brunneoincarnata

肉褐鳞环柄菇具有丰满的肉质和较短的菌柄，长度通常为2～5厘米，含有"剧毒"鹅膏毒素。它的菌盖呈现出红棕色的斑点状纹路，而菌柄的较低端则覆盖着深红棕色的鳞片。

有毒蘑菇

一些最常见的致命毒蘑菇包括：

毒鹅膏（*Amanita phalloides*）

鳞柄白鹅膏（*Amanita virosa*）

纹缘盔孢伞（*Galerina marginata*）

肉褐鳞环柄菇（*Lepiota brunneoincarnata*）

皱盖锥盖伞（*Conocybe rugosa*）

微红丝膜菌（*Cortinarius rubellus*）

鹿花菌（*Gyromitra esculenta*）

皱盖锥盖伞
Conocybe rugosa

这种致命毒蘑菇是一种含有鹅膏毒素的真菌，常常出现在木屑、草坪和堆肥堆中。它的菌盖呈橙褐色皱纹状，菌柄上则带有一个圆环，随着孢子的沉积，这个环往往会变成铁锈般的棕色。

许多真菌在其菌丝体或子实体中产生毒素，以抑制其他竞争性的生物。然而，这些毒素同样会对人类产生危害，甚至有些会引发致命性的后果。

真菌产生的毒素

人类可能会因食用被某些真菌污染的食物或误食毒蘑菇之类的真菌而受到毒素的侵害（见第178~179页）。这些微真菌会产生大量孢子到周边的环境中，若有湿气，它们还能在谷物和其他食物上生长繁殖。为了抵御竞争对手，部分真菌会产生毒素（即霉菌毒素）。这些毒素一旦被误食，便会对人类和动物的健康造成严重威胁。目前已知的霉菌毒素有很多，其中黄曲霉（*Aspergillus flavus*）和寄生曲霉（*Aspergillus parasiticus*）产生的黄曲霉毒素是引发食物中毒的主要元凶。在五种主要的黄曲霉毒素中，黄曲霉毒素B_1的毒性尤为强烈。它一旦进入人体肝脏，便会被转化成一种更具毒性的物质，进而可能诱发肝脏疾病和癌症。

毒蘑菇

毒蘑菇的知识在人类社会中代代相传，延续至今。现今，我们已经能准确地识别和描述毒蘑菇中的有毒化学物质，并对它的生物效应进行深入研究。其中，毒性最强的蘑菇主要产生能引起细胞损伤的毒素，例如环肽（包括鹅膏毒肽和鬼笔毒肽）、奥来毒素和鹿花菌素等。

环肽和奥来毒素具有热稳定性，这意味着常规的烹饪方式并不能将其破坏。相传，在古罗马时期，罗马皇帝克劳迪乌斯的第四任妻子阿格里皮娜曾利用这一知识毒害她的丈夫，以便让她的亲生儿子尼禄顺利继承继父的皇位。据称，她在烹饪前将可食用的橙盖鹅膏（*Amanita caesarea*）与毒鹅膏（*Amanita phalloides*）混合在一起，为她的丈夫烹制晚餐。

对于身体健康的人来说，真菌更像是一种滋扰，而非真正的威胁，它们通常只会引发一些表面性的、易于处理的感染。然而，一旦人体的免疫系统衰弱或受损，真菌便可能趁虚而入，引发严重甚至致命的后果。

真菌引起的人类疾病

真菌属于机会性致病菌，对于艾滋病患者或正在接受化疗的患者等免疫系统受损的人群，真菌有可能引发致命的继发感染。

念珠菌

白色念珠菌（*Candida albicans*）是一种子囊菌门的酵母菌，具有多种形态，既可以以单细胞酵母的形式存在，也可以以菌丝形式存在。然而，念珠菌以菌丝形式出现时会带来大问题。它会定殖在人体内，尤其是人体黏膜组织上，引发诸如鹅口疮等疾病。在健康人体中，这类感染较为常见且易于治疗，症状表现为组织上覆盖有类似鸫科鸟类胸口的乳白色斑点。然而，当免疫系统受损时，念珠菌细胞有可能侵入血液，它的菌丝会感染包括重要器官在内的人体组织，引发可能危及生命的侵袭性念珠菌病。

新型隐球酵母

隐球菌病是由新型隐球酵母（*Cryptococcus neoformans*）和格特隐球菌（*Cryptococcus gattii*）这两种担子菌门的酵母菌引起的感染。这两种酵母菌存在于鸟粪以及多种树木的果实和树皮上。新型隐球酵母在全球范围内都有分布，而格特隐球菌则主要出现在热带和亚热带地区。这些酵母细胞的表面被一层多糖荚膜包裹，可以有效地抵御我们人体的防御系统。对于免疫系统受损的人群，这些酵母细胞有可能侵入肺组织，引发类似肺炎的症状，称为隐球菌病。在更严重的感染情况下，酵母细胞甚至会藏匿在人体的巨噬细胞中，将这些免疫细胞作为"特洛伊木马"，通过血液传播到全身。一旦它们穿越血脑屏障进入脑组织，就会引发一种称为隐球菌性脑膜炎的危及生命的疾病。

健康状态下的人体免疫系统具有强大的防御能力，能够有效抵御致病真菌的侵袭。

无论在土壤、某种食物上，还是在我们体内微生物组中，真菌都会聚集成群落，并与其他微生物共享栖息地。

真菌与细菌

在地球上的所有生态系统中，真菌与细菌都会形成各种形式的共生关系，既有紧密的，也有松散的，既可能相互促进，也可能相互抑制。通常，在同一生态系统中，不同类型的真菌会与不同种类的细菌相互作用。这些共生关系的效果受到多种因素的影响，包括但不限于物理上的共生形式（例如细菌是自由地与真菌共生，还是作为围绕真菌菌丝的生物膜——菌膜的一部分，抑或是生活在真菌细胞内）、生物体间的化学信号交流、环境因素（如pH值）以及宿主的生命活动状态（是否活着）。此外，与人体类似，真菌体内也存在着常驻的细菌。从这个角度来看，我们体内的微生物组中也包含真菌，而这些真菌本身又有着它们自己的微生物组。

真菌传播的高速公路

真菌的菌丝形成了广泛的网络，能够远距离传播。每个菌丝的外部都被一层水膜包裹，而一些具有移动能力的土壤细菌便利用这一水膜，将其作为"菌丝高速公路"，沿着菌丝快速移动，从而穿越土壤中的空隙并覆盖更广泛的区域。一些共生关系也有利于真菌，例如，某些解磷菌可以帮助丛枝菌根真菌分解死亡植物残骸中的磷，使其以可被植物和真菌利用的形式释放。此外，像促根生科萨克氏菌（*Kosakonia radicincitans*）这样的固氮细菌能够使土壤中的氮更易于吸收利用。

是伙伴，还是敌人？

1.

通常，在植物根系周围的土壤环境中（即根际）以及根系内部，都存在着真菌和细菌的共生群落。这些微生物之间会相互作用，而这些相互作用的结果不仅会影响微生物的多样性，还会影响植物的生长活力。

2.

印度锡兰孢（*Serendipita indica*）是一种具有类似菌根特性的内生菌，对植物生长具有显著益处。它主要栖息在植物的根系以及周围的土壤中。研究证实，这种真菌能够促进植物的生长，并提升植物对某些环境压力的抗性。

有益的真菌

植物的根系

3.

与这些有益真菌共存的，还有依赖它们为生的细菌。这些细菌要么是真菌杀手，例如山岗单胞菌（*Collimonas fungivorans*），它们通过在真菌细胞壁上打孔并摄取其中的内容物维持生命；要么是真菌的共生伙伴，例如促根生科萨克氏菌（*Kosakonia radicincitans*），它们与真菌菌丝形成共生关系，并利用真菌产生的代谢物获取养分。

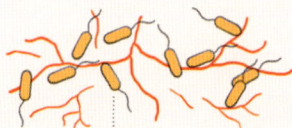

山岗单胞菌
真菌杀手

促根生科萨克氏菌
真菌饲养员

4.

以真菌分泌物为食的细菌会在真菌菌丝上定殖，在这个过程中会形成一层由细菌和黏液组成的生物膜。这层生物膜就像一层防护外套，能够有效地阻止那些对真菌有害的细菌的侵扰。

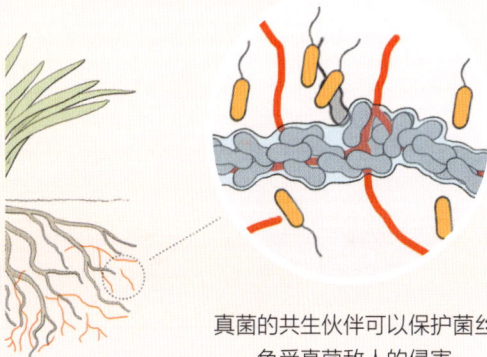

真菌的共生伙伴可以保护菌丝
免受真菌敌人的侵害

几乎所有的真菌生长环境中，都存在着其他真菌和细菌与它竞争空间和养分，导致真菌常常处于作战状态。为了应对这类竞争，真菌也发展出多种应对机制。

真菌界的战争

真菌具有众多防御和攻击机制，其中包括酶、抗生素（见第252~253页）以及其他有毒和抑制性化学物质。具体而言，这些化学物质中的一些是挥发性气体，能够通过空气传播至周边的微生物处；另外一些则是通过木头或土壤里微小孔隙中的水进行扩散。此外，真菌还具有改变自身生长环境酸碱度的能力，以适应环境变化并促进自身的生长繁殖。

菌丝间的争夺战

木腐菌的菌丝经常在大范围区域内遇见彼此。当它们相遇时，会展现出强大的化学攻击力和防御能力。在这场生存之战中，胜利的真菌能够击败对方并占领其领地，以获取扩张空间。然而，有时双方真菌均无法从对方手中夺取领地，形成一种僵持不下的局面。

菌寄生

菌寄生现象是指少数真菌寄生在其他真菌上，以其他真菌为食的现象。这些寄生真菌的菌丝会附着在宿主真菌的表面，或者以卷曲的形态环绕在宿主真菌的菌丝周围。某些寄生真菌甚至能透过宿主真菌的菌丝壁直接吸收养分，还有一些寄生真菌的菌丝会在宿主真菌体内生长，以吸取其中的营养。

虽然某些真菌完全依赖寄生方式获取养分，但也有一些真菌只是暂时寄生，一段时间后就会杀死它们的宿主，进而占据宿主的领地，例如占据原木的一部分，继续在该处获取养分。

A. 寄生菌瘿伞（*Squamanita paradoxa*），具有独特的棕紫色菌盖，其寄生方式更为深入，会以自身的组织取代宿主无斑囊皮伞（*Cystoderma amianthinum*）的菌柄上部、菌盖和菌褶。

A

B. 寄生星孢菇（*Astero-phora parasitica*）在被寄生的蘑菇菌盖上形成微小的子实体。这些子实体具有细长的菌柄，长度通常在1~3厘米。这种真菌特别喜欢寄生在黑红菇（*Russula nigricans*）上。

C. 这些深色线条被称作交互作用区，实际上是由含有黑色素的致密真菌组织构成的壁垒。这些线条围绕着被腐生真菌占领的领地，起到了隔离与保护的作用，防止相邻的其他真菌或生物对其造成干扰或侵害。

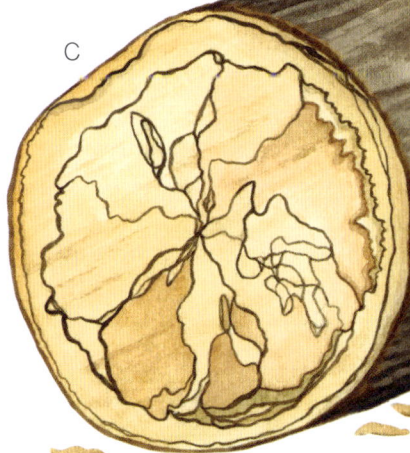

D. 一些木腐菌的菌丝能够在土壤和木材中生长。当它们遇到另一种真菌的菌丝时，会发生竞争。

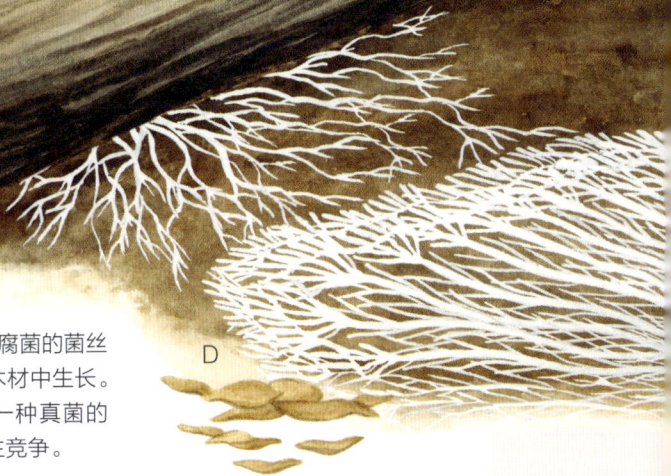

阿切尔笼头菌
Clathrus archeri

第四章

真菌的
生态危机

真菌已经在地球上生活了数亿年，但世界正在发生变化，我们的居住环境已悄然改变。面对日趋变暖的气候，和其他生物一样，真菌王国的成员也受到威胁，并开始寻找适应的方法，甚至选择在新的栖息地繁衍生息。

我们的气候正在发生变化，影响着地球上的水循环和降雨。除了气温升高外，我们还看到更多的极端天气，比如暴风雪、洪水等，这些气候变化已经对真菌产生了影响。

气候变化

虽然肉质真菌每年的结实时间都因天气和真菌种类的差异略有不同，但西欧一些真菌的结实时间正在发生巨大变化。1978年以前，英格兰南部秋季的平均结实期持续了33天；但自2020年以来，平均结实期已经超过75天。许多菌根真菌在一年中的结实期变长许多。这对采蘑菇的人来说是个好消息，但这也表明菌根真菌正在发生巨大变化。

现在许多真菌在春天和秋天都能结实，尤其是那些能够使木头和其他植物物质腐朽的真菌，如簇生垂幕菇（*Hypholoma fasciculare*）。这可能是因为冬天比以前暖和多了。但同时也导致这种真菌现在可以在冬天生长和觅食，所以木头可能会腐烂得更快，意味着二氧化碳的释放速度将会加快。如果树木与该真菌保持一致，以更快的速度长成木材，也并无大碍，但如果它们的生长速度不变，那么未来气候变暖的速度可能比目前更快。

在不断变化的气候中，植物会追随适合它们的温度，向极地移动，向海拔更高的地区移动。真菌则如影随形，跟随着植物变化。气温的升高也会对寒冷环境中的真菌栖息地造成威胁，如山顶和高纬度地区。

香杏丽蘑
Calocybe gambosa

虽然大多数真菌在秋天结实，但一些真菌总是在春天结实，比如香杏丽蘑，别名口蘑。它在英国有个名称叫"圣乔治蘑菇"，取名于它在英国首次结实的大致时间——圣乔治日（4月23日）。

簇生垂幕菇
Hypholoma fasciculare

这种木腐菌在春天和秋天结实。但究竟是同一个体一年两次结实，还是不同个体在不同季节分别结实，目前尚未可知。

厚质木耳
Auricularia auricula-judae

厚质木耳过去几乎只出现在接骨木上，但随着气候变化，它现在生长在许多其他树种上，特别是山毛榉。

靴状裸柄伞
Gymnopus peronatus

在英格兰南部，过去常常可以在橡树下发现腐蚀落叶的靴状裸柄伞，但现在它们更常出现在山毛榉下。原因仍然是个谜，但人们认为这与气候变化有关。

褐环乳牛肝菌
Suillus luteus

这种真菌是欧洲和亚洲原生地的针叶树根部的菌根真菌，已经广泛引进到非洲南部、北美和南美的进口松树种植园中。

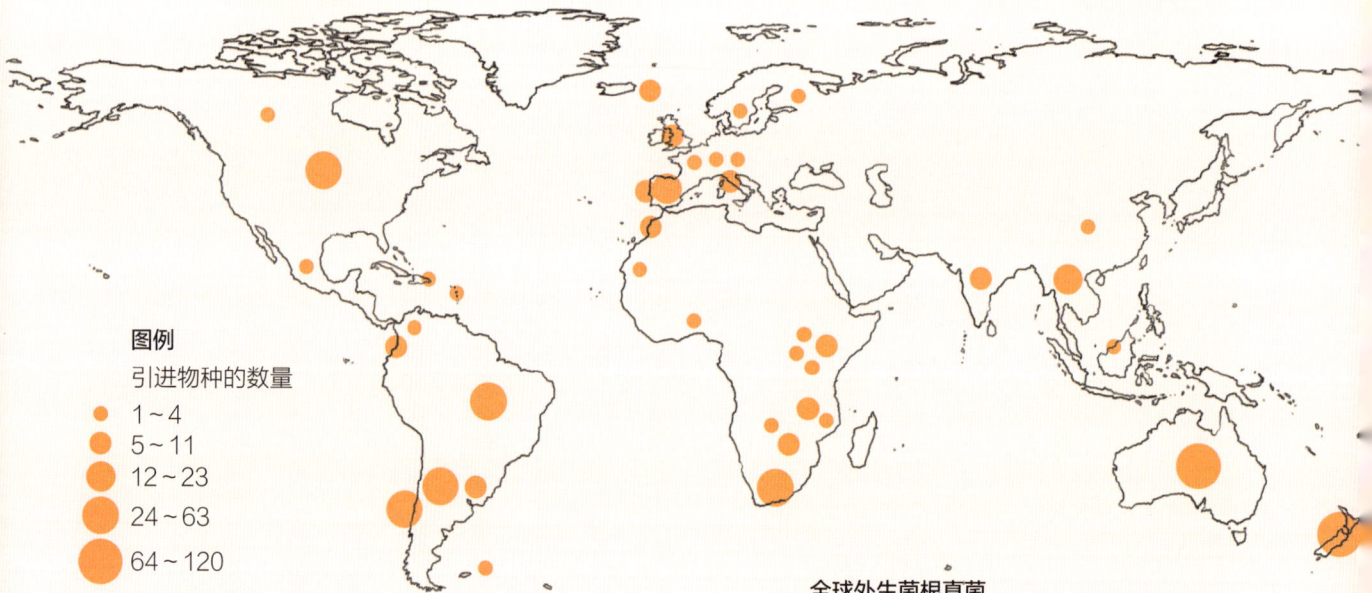

阿切尔笼头菌
Clathrus archeri

这种真菌大约在1914年于英国首次发现，人们认为它是随着进口的羊毛织物从北欧而来。它现在正向欧洲东北部蔓延，集中于森林地区。

图例

引进物种的数量

- 1~4
- 5~11
- 12~23
- 24~63
- 64~120

全球外生菌根真菌

外生菌根真菌是一种与树木根系共生的物种。橙色圆圈表示有引进物种的国家，圆圈的大小表示据报告已在每个地区扎根的引进物种的数量。

入侵的盟友

与树木根系共生的菌根真菌有时可以帮助它们的寄主植物进行入侵。在南半球，来自种植园的外来松树正在向更广阔的地区蔓延。它们得到了长在进口树木上的乳牛肝菌属（*Suillus*）、须腹菌属（*Rhizopogon*）和革菌属（*Thelephora*）真菌的帮助。这些真菌很快与树苗和小树形成共生关系，并与它们共同入侵。

数千年来，人类一直在无意间小规模地把生物体从一处带到另一处。但近几个世纪以来，国际旅行和贸易使得真菌以更大规模进行转移。

入侵物种

多数物种新到达一个地区时，通常危害很小或者不会造成危害；但有些物种会在它们的新栖息地过度繁殖，这就是入侵物种。它们会减少生物多样性，破坏数百万年来进化形成的共生关系，改变碳和氮的循环。入侵的病原体甚至会杀死树木，进而改变当地整体风貌。

是访客，还是入侵者？

有致命毒性的毒鹅膏（见第96～97页）原产于欧洲，现在已进入美国东海岸，不过并没有蔓延。然而，在美国西海岸的加利福尼亚，它却成了入侵物种，四处蔓延，占据主导地位，导致其他物种减少。它在20世纪60年代被带到旧金山湾区，在入侵最为严重的地区，有着近20%的树根尖端与它形成共生关系，而不是与本地真菌共生。

入侵性腐生菌

由于子实体通常色彩鲜艳，引人注目，因此笼头菌属（*Clathrus*）很容易被发现。阿切尔笼头菌（*Clathrus archeri*）原产于非洲南部、澳大利亚和新西兰。但自从它在20世纪80年代登陆北美海岸以来，便成了入侵物种。它的子实体从一个叫作"卵"的球形结构中冒出来，"卵"通过一根菌索与隐藏的菌丝相连。"卵"一旦破裂，会长出4~8条"触手"，长度可达10厘米，呈海星状。像其他鬼笔菌一样，它散发出腐肉的气味，吸引苍蝇在产生孢子的黏性表面上觅食。孢子会黏在苍蝇的身体上，从而传播到远方。

由于土地用途的改变，我们正在快速失去真菌栖息地。即使是那些幸存下来的栖息地，也受到污染或产生其他形式的改变。这一切都意味着真菌生物多样性正经受着极大的威胁。

栖息地的丧失

城市化和道路建设侵蚀了我们的绿色空间。我们砍伐古老的森林来获取木材，开垦森林地面来种植农作物。面对仅存的林地，我们也经常将其夷为平地以获得燃料，或者单纯地认为"清理干净是一件好事"。与此同时，湿地（见第148～149页）也被抽干水分以发展农业。我们种下能够快速生长的单一农作物，播撒多种多样的化肥，为地球上不断膨胀的庞大人口提供食物。我们燃烧化石燃料，导致气候变化，氮和其他有害化学物质的排放也污染了大气。我们的旅游业也在践踏和侵蚀土壤——所有这些都破坏了真菌的栖息地。

一旦栖息地消失，依赖该栖息地生存的真菌也会消失。举例来说，由于使用化肥和种植多种速生草，世界各地花繁草茂的干草甸不断减少，导致许多湿伞属（Hygrocybe）以及不太显眼的地舌菌属（Geoglossum）消失。

同样，各种类型的森林和个别种类的古树（见第130～131页）也在以惊人的速度消失。例如，北方针叶林曾在很长一段时间里都有大片树木覆盖，这使它们成为许多珍稀真菌物种的家园，但这些树林已经濒临灭绝。

A. 这种全球罕见的子囊菌门的杜鹃花类肉座菌（Hypo-creopsis rhododendri）不仅看起来像橙棕色的手套，摸起来也有点像。它是皱褶刺革菌（Hymenochaete corrugata）的一种重寄生菌，几乎只生活在大西洋雨林中。这种温带雨林降雨量大，常年雾气弥漫，植被茂盛。这片栖息地濒临灭绝，其中的一些特殊真菌同样濒危。

B. 栎牛舌孔菌（*Buglossoporus quercinus*）是一种全球罕见的真菌物种，主要分布在树龄300年以上的橡树上，通常生长在暴晒在阳光下的干燥木材上。据说，全球只有不到500个地方能找到这种真菌。它的主要栖息地可能是英国伦敦附近的一个前皇家狩猎森林。

C. 皱衣（*Flavoparmelia caperata*）是专门生长在特定树种上的一种地衣，其生存所需的气候条件也很苛刻。温带雨林有不同的地衣群落，其中包括肺衣属（*Lobaria*）、肾盘衣属（*Nephroma*）、假杯点衣属（*Pseudocyphellaria*）和其他含有蓝细菌的叶状地衣。

A

B

C

粪壳菌

点孔座壳（*Poronia punctata*）与我们的手指甲或脚指甲没有任何关系。它是一种子囊菌，生长在马粪和驴粪上，看起来像一个小木匠的指甲，约0.5~1.5厘米宽。

在19世纪，这种真菌还随处可见，但随着机动车辆的普及，它的粪便栖息地开始消失。该真菌已被许多欧洲国家列入濒危物种红色名录，现在很少见。

奥林匹亚宙斯菌
Zeus olympius

这种杯状真菌只出现在希腊的奥林匹斯山和保加利亚的斯拉维扬卡山脉，生长在波斯尼亚松树的枯叶和小枝上。它的栖息地受到气候变化和森林火灾的威胁。

出血齿菌
Hydnellum peckii

许多真菌在养分含量低的土壤中与树木形成根系共生关系，如牛肝菌、鹅膏菌和亚齿菌。然而，由于添加肥料和燃烧化石燃料导致空气中出现氮污染，这些真菌现在已经急剧减少。

真菌不仅在某一栖息地面临灭绝，某些品种甚至在世界范围内都濒临灭绝。但也有好消息：由于人类已采取行动，一些真菌又重新恢复了生机。

濒危物种

经过多方游说，世界自然保护联盟（IUCN）现已承认真菌与动植物享有同等地位，但未来还有很长一段路要走。世界自然保护联盟已经制定了一套濒危物种红色名单，根据物种受到威胁的程度对其进行分类——从无危险到灭绝或区域内灭绝。大多数国家目前正在对真菌物种评估出红色名单，以优先保护那些受到最严重威胁的真菌物种。

我们还可以不收集或破坏真菌的子实体，不干扰它们的栖息地——比如在森林地面留下枯木，不使用杀虫剂和无机肥，以此保护我们身边的真菌。

成功案例

高贵桥孔菌（*Bridgeoporus nobilissimus*）是真菌王国的巨人。它生长在美国西北部太平洋的壮丽冷杉上，能够产生重达130千克的巨大檐状子实体。1995年，只有13处区域有它的身影，因此被列为濒危物种。每一棵已知有该真菌生长的树木都得到了保护，到2006年，该菌种栖息地点上涨至103个。

蜜环菌
Armillaria

第五章

去野外，寻找真菌

无论你住在这个星球的哪个地方，你的周围都遍布各种不同种类的真菌。快到大自然中探索真菌吧，你能在树林和草原中发现菌丝的迹象，也能在洞穴、沙丘、水中和永久冻土里与真菌偶遇。

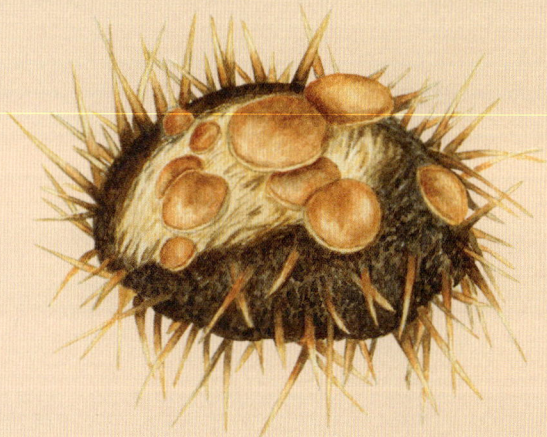

喜棘兰斯盘菌
Lanzia echinophila

这种小型子囊菌的直径为1～2毫米，可生长在甜栗和橡实的外壳上。它的子实体最初呈橙色，随着成熟期的到来，上部的繁殖层（即子实层）会变平并变成棕色。

紫黑地舌菌
Geoglossum atropurpureum

这种小型黑色地舌菌最高可达6厘米，生长在古老的草原和沙丘上。如果不借助显微镜，很难将其与近亲菌种区分开。

盐生阿瑞尼亚菇
Arrhenia salina

这种蘑菇生长在极地，大多数生长在北极圈以北的地区，在南极洲也有它们生长的痕迹。

　　在自然界中，到处都是真菌，不过它们往往会隐藏起来，只有当它们长出蘑菇等子实体时我们才能看到，这个过程有时发生在一夜之间。但也有些真菌子实体一直存在于我们周围，而不仅仅是秋季和春季才出现。

寻找真菌

　　当我们探索自然环境时，会发现真菌遍布在我们周围。孢子飘散在我们呼吸的空气中，内生菌存在于植物体内。真菌在我们脚下的土壤里，在我们走过的草地、森林、沙丘还有极地中。沼泽地、湖泊、溪流、大海也同样是真菌的家园。

　　你可以在树干上找到大型的多年生檐状菌，在森林地面的树枝上发现硬疣状或团块状组织以及橡胶状和果冻状的真菌。把目光投向高处，或者使用双筒望远镜，你会看到附着在枯死枝条上的真菌。如果你跪在地上，用手翻动小圆木，还会看到硬壳状的子实体，它们往往带着延伸到土壤中的菌索。小心地用指尖挖掘，你就可以观察到它们的生长范围——有些只有几十厘米，而有些甚至延伸出数平方米。仔细地观察树叶、球果以及其他果实，你可能还会发现长在黑色细柄上的微小精致的子实体，如安络裸柄伞（*Gymnopus androsaceus*）。你甚至能在食草动物的粪便或篝火灰烬上也发现一些迷人的真菌子实体。

　　另一些真菌的迹象就不那么明显了。木头上黑色的外壳可能就是真菌的保护层，落叶上的褪色斑块、棕色易碎的或呈纤维状已变色的木头都证明了作为分解者的真菌的存在。在田野里，茂盛的草丛或裸露的土地形成的环形区域，也是地下菌丝体存在的外化迹象。

子实体是真菌最明显的标志，只不过大多数真菌的子实体只是偶尔可见。如果你知道如何寻找真菌的踪迹，就能在森林中找到许多其他真菌活动的迹象。

森林里的真菌踪迹

A. 从木屑或碎木上的斑块中冒出的棕色、胡须状的短茬，表明这里有小鬼伞属（*Coprinellus*）存在。有时，小鬼伞属的子实体也会同时出现。

黑色保护层

如果你偶然发现树桩、倒下的树枝或树干变黑，可能会认为它们被烧焦了。但它们通常不是火灾的残留物，正相反，这些木材上覆盖着一层薄薄的黑色菌丝，这些紧密交织的菌丝中浸满了黑色素（一种深色的保护性色素）和一种被称为疏水蛋白的防水蛋白质。有时，黑色的斑块组织可以像薄片一样被扯下来。

这种组织是由一些以木材为食的真菌产生的，尤其是蜜环菌（*Armillaria*）和团炭角菌（*Xylaria hypoxylon*），后者具有白色、爪状的子实体（见第48页）。这种组织能阻止其他真菌进入，并维持适合真菌生长的湿度条件：蜜环菌需要潮湿的木材，而团炭角菌则需要干燥的木材。

菌索

从立着的枯木或倒下的树干上剥去树皮，你可能会发现像黑色鞋带一样的根状菌索（见右图）。这些线状结构在形成初期通常呈红棕色，直径约为1~2毫米，它们以网状形式在森林地面上蔓延。

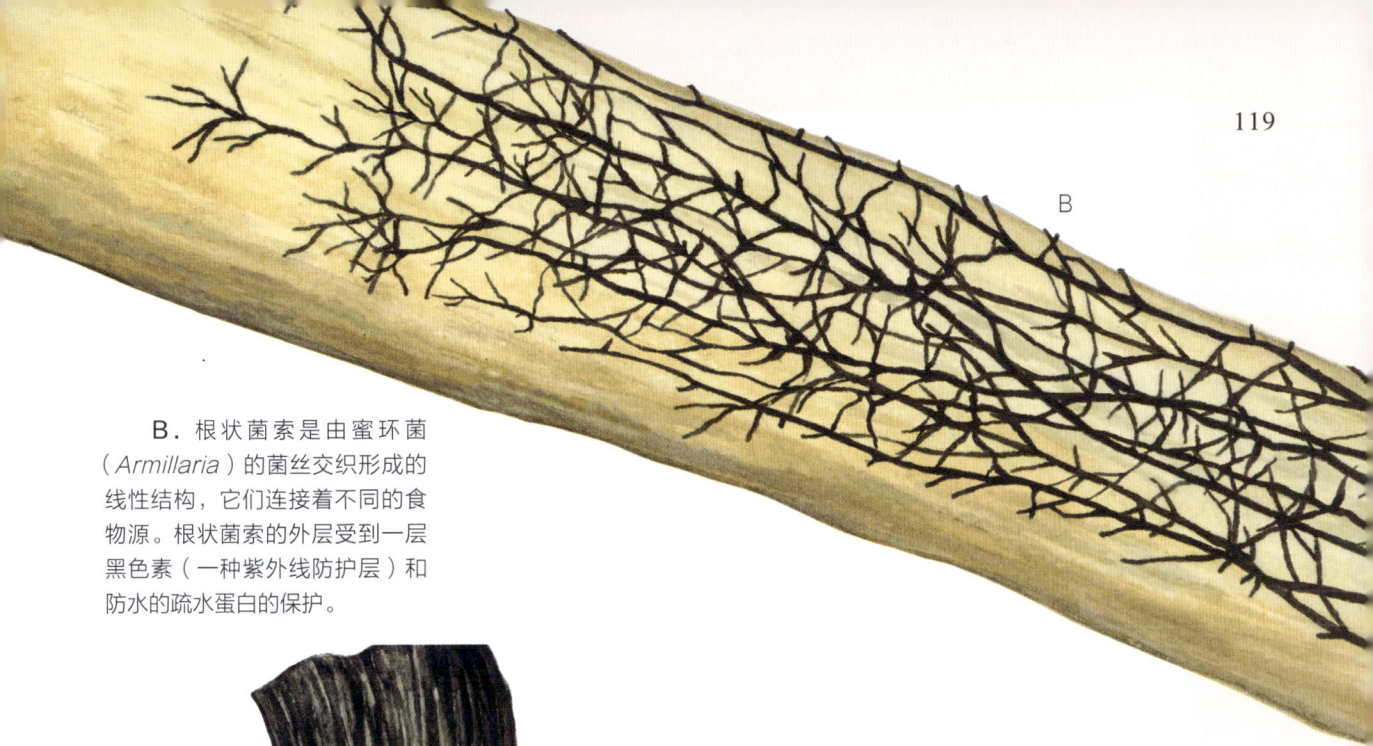

119

B. 根状菌索是由蜜环菌（*Armillaria*）的菌丝交织形成的线性结构，它们连接着不同的食物源。根状菌索的外层受到一层黑色素（一种紫外线防护层）和防水的疏水蛋白的保护。

C. 轻轻翻开腐烂的树干和树枝，或是除去树皮，经常能发现白色的菌索。这些菌素形似根状菌索，但某些真菌的菌索可能更细，还有些真菌的菌索可能更有弹性，例如白鬼笔（*Phallus impudicus*）或宽褶大金钱菌（*Megacollybia platyphylla*）。

森林地面、树叶以及破损木头上的斑块常常揭示了真菌的藏匿之所，可追寻到的迹象包括污迹和腐烂形成的纹路和斑块。

腐木与树叶上的真菌痕迹

白腐和褐腐

枯叶上的浅色斑块和森林地面上发白的木头（通常呈纤维状）表明此处存在白腐现象。此时，一种真菌（通常是担子菌）正在分解木材中所有不同类型的化学成分，包括极其复杂的木质素分子。木质素是一种关键的结构材料，只有极少数担子菌能够分解它。此外，还有一种褐腐现象（见右页下图），其腐烂的速度（即重量损失的速度）有时比白腐过程慢，但在褐腐发生时，木材的强度会迅速降低，这对木质的建筑物和电线杆等基础设施来说是一个大问题。和白腐一样，只有极少数担子菌的真菌才能引起褐腐。

装饰性腐蚀

仔细观察原木的切割端，会发现其他的真菌迹象。比如子囊菌门的长喙壳属（见第82页）通常能将木头染成深黑色或深蓝色，木材会因这种外观变化而贬值。

但也有真菌会产生更迷人的效果（见右页上图）。比如当许多阔叶树的腐木被切开时，有时会呈现出从黑色到棕色再到橙色的错综复杂的纹路。这些纹路证实这里曾是真菌的战场，最终划定了不同真菌菌丝的领地——就像过去我们在自己的房子周围建造围墙一样。这种木材可以被制作成精美的物品，展示那些令人惊叹的图案。

大自然的珠宝

少数真菌菌丝产生的化学染料会将木材变成绿色，如绿松石色的小孢绿杯盘菌（*Chlorociboria aeruginascens*）。在这一腐蚀过程中，木材几乎不会腐烂，反而因颜色的变化被制成装饰品而受到人们的青睐。这种真菌既可以存在于森林地面，也可以存在于古董盒子中，如英国著名的"绿橡制品"。

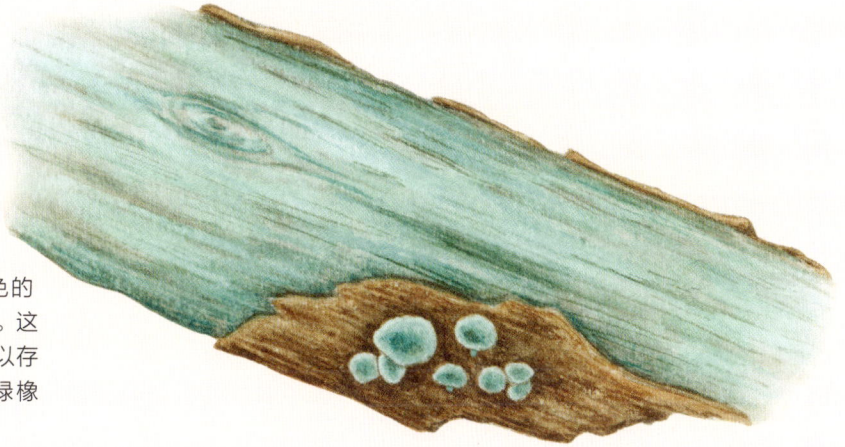

褐腐

褐腐木材外观呈棕褐色，质脆，中间有块状裂隙，通常可见于腐烂的针叶树和橡树木材中。此时，这些木材正在被真菌腐蚀。真菌会分解木材中除了木质素以外的所有主要化学成分。这就是褐腐。

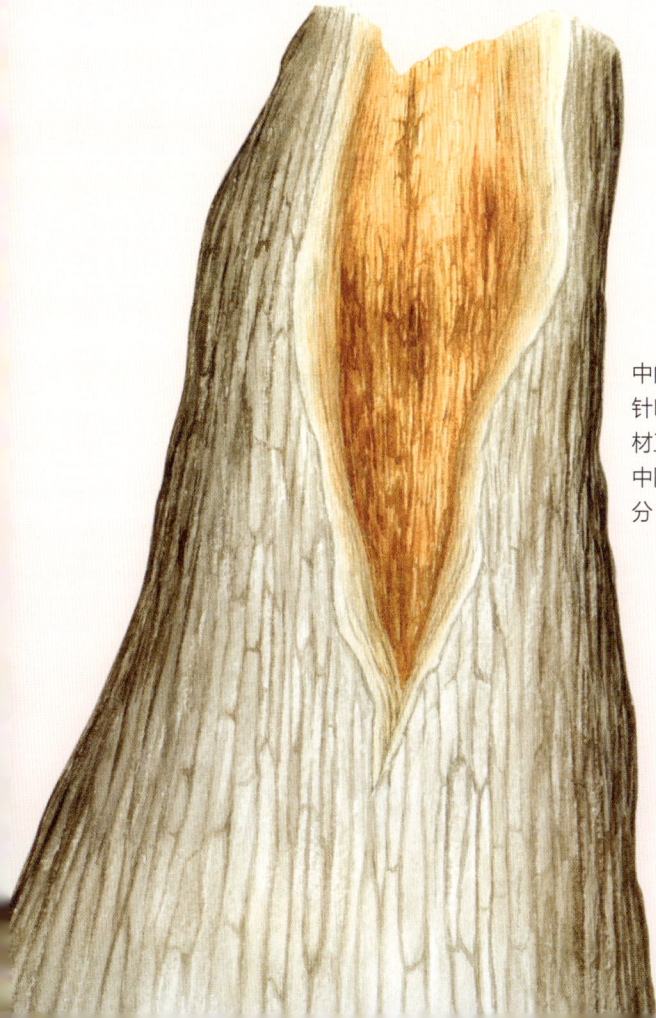

黑斑病
　　活体营养型真菌槭斑痣盘菌
（*Rhytisma acerinum*）通常与悬
铃木上的焦斑黑点（见上图）相
关，但有时它也会在老化的悬铃木
树叶形成绿色斑块（见右图）。

秋天的叶子通常是黄色和琥珀色的，但仔细观察森林地面上的树叶，你会在上面看到绿色的斑块，这些"绿色岛屿"就是真菌存在的证据。

绿色斑块

秋叶上的绿色斑块有时是由花叶病毒引起的，有时是由潜叶虫（比如苹果叶上的苹细蛾）的幼虫引起的。不过，大多数的绿色斑块是由真菌产生的，特别是那些在其生命周期内至少有一部分时间以活体营养生物（依赖活体组织）方式生存的真菌。这些真菌包括使小麦感染并产生锈病的禾柄锈菌（*Puccinia graminis*）和使大麦感染并产生白粉病的禾本科布氏白粉菌（*Blumeria graminis*）。还有一些引人注目的绿色斑块是由槭斑痣盘菌（*Rhytisma acerinum*）产生的（见左页）。

绿色岛屿的形成

植物会产生激素，这些激素作为化学信使，控制植物生长和发育的过程以及植物对环境压力的反应。叶片的绿色组织表明，在细胞分裂素等激素的刺激下，光合作用变得活跃，从而使植物老化（衰老）受到抑制。一旦植物进入休眠状态，细胞分裂素水平就会下降，光合作用减少，促使营养物质从叶片流向植物的其他部分，造成叶片变黄，最终脱落。

即使叶子已经落下，绿色斑块中的光合作用仍在进行。承担这部分责任的真菌使植物细胞保持活性，这样它们就可以以活体植物组织为食，直到叶子干枯或资源枯竭。许多能够产生绿色斑块的真菌都可以产生细胞分裂素和影响细胞分裂素作用的酶，只是目前尚不清楚这些细胞分裂素和酶是入侵真菌自己在叶子上产生的，还是真菌迫使植物产生的。

历史上的蜜环菌

最早的真菌生物发光记录之一来自希腊哲学家亚里士多德，他在书中提到了一种"发光的狐火"，大概就是指被蜜环菌（见上图）侵染的木头。据说，第一次世界大战期间，被蜜环菌侵染的木材为战壕里的英国士兵提供了天然"火炬"。同样是这种真菌，在第二次世界大战期间阻碍了盟军的作战：据称，被感染的木材引导敌机飞向了伦敦木材场。

许多萤火虫、鱼类、藻类和细菌等生物能发出一种淡绿色的光，因此会在黑暗中闪闪发亮，这种迷人的能力被称为生物发光。真菌王国里的一些物种也具有这种能力。

会发光的真菌

并不是所有真菌在黑暗中都会发光，但所有能发光的真菌都是能形成蘑菇的白腐真菌（见第120～121页）。有些真菌的菌丝体或子实体可以发光，或两者同时发光，这取决于真菌的物种。小菇属（*Mycena*）中超过70种蘑菇具有生物发光能力，光产生于它们的子实体；而欧洲南瓜灯——学名橄榄类脐菇（*Omphalotus olearius*）——则是整个真菌体都会发光，包括菌丝体和子实体。

为什么有些真菌会发光

研究表明，真菌在回收抗氧化牛奶树碱这一宝贵的"清理剂"时会导致生物发光现象。当白腐真菌分解木材时，它们会产生酶来分解聚合物木质素中的键，木质素是木材的主要成分之一。在这一过程中，它们无意中产生了被称为自由基的高活性化学物质，这种物质对真菌细胞有很大的毒性。为了避免"因分解而死亡"，白腐真菌有两种应对方法。第一种方法是产生大量的牛奶树碱，使自由基的活性降低，从而避免损害细胞。这种现象可见于硬毛纤孔菌（*Inonotus hispidus*）（牛奶树碱最初就是从该真菌中分离出的）。形成蘑菇的白腐真菌中的牛奶树碱含量不高，所以它们使用第二种方法，即在真菌细胞中回收牛奶树碱。这就是生物发光发挥作用的地方。牛奶树碱的回收过程会形成一种发光的化学物质，赋予真菌迷人的光芒。

在森林中，到处都是真菌。它们生长在我们头顶上那笔直的树干和树枝上，生长在倒伏的树木间，生长在我们脚下的枯枝腐叶中，还有一些附着在树根上。

古老森林与人工管理森林里的真菌

森林中的真菌种类因地区和树木及其他植被种类的不同而异，森林的存在年限以及是否受到人工管理同样是影响真菌种类的重要因素。

古老森林里的真菌

在古老的未受人工管理的森林中，地面上散落着许多大树干，这些树干可能需要数十年甚至几个世纪才能腐烂。它们正好能显示出真菌在立木上所造成的腐蚀状况（见第130～133页），这些易碎的残木早已不像木材，而更像土壤，只是空留先前树木的影子而已。这些森林中有大量不同种类的真菌，只有在存在过巨大而又年代久远的圆木之地才能找到。这种存在的连续性对于木腐真菌来说至关重要，因为它们需要合适的枯木为其长期提供养分。古老的山毛榉林中含有珍稀真菌，例如生长在倒伏树干上的微小绿色带有丘疱的果冻状的胶肉座菌（*Hypocrea gelatinosa*），别名为皱皮菌的树脂薄皮孔菌（*Ischnoderma resinosum*）和生长在腐木上的硬毛光柄菇（*Pluteus hispidulus*）。

人工管理森林里的真菌

大多数林地已经由人类管理了2000多年，我们之所以管理森林，或是为了建造房屋、打造家具，或是单纯为了取暖，或是出于错误的观念，单纯地认为清理倒伏树木是一件好事。但是，只要仔细观察那些堆积的圆木和树桩，我们就会发现一个真菌宝库（见右页）。

A．团炭角菌（*Xylaria hypoxylon*）是一种木腐子囊菌，能在树木被砍伐后迅速定殖。大约5年内，它将被更具拮抗性（见下文）的真菌所取代。

C. 库恩菇（*Kuehneromyces mutabilis*）是一种分布广泛且数量繁多的腐生菌，生长在砍伐的树桩上。在一年中的大部分时间里，它都可以产生子实体，尤其是在夏季和秋季。

B. 簇生垂幕菇（*Hypholoma fasciculare*）是一种对其他真菌具有很强拮抗性的白腐真菌。它可以通过孢子形式传播，也可以通过菌索在土壤中扩散。

万寿菊色小皮伞
Marasmius tageticolor

虽然它的子实体与人们熟知的温带
同类真菌的伞状外形类似，但这种真菌具
有醒目的红色与浅黄色相间的白色条纹。

尽管热带雨林只覆盖了不到地球陆地6%的面积，但这里却栖息着种类繁多的动植物和真菌，多到我们难以想象。

热带雨林里的真菌

位于北回归线和南回归线之间的热带雨林，如今已经缩减到不足其原始面积的一半。但这些广袤的地区几乎仍然与7000万年前的情况相似。热带雨林终年温暖湿润、水汽充沛，树木遮天蔽日。

生物多样性

动植物的种类繁多，令人惊叹：亚马孙雨林含有超过4万种物种，包括近1.2万种树木、1.3万种鸟类和数千种无脊椎动物。每种植物和动物都可能至少与一种真菌形成共生关系，因此真菌种类也极其繁多。大多数热带真菌还没有名字，已发现的物种中有五分之一是科学界未知的新物种。虽然可以辨认出有些真菌是温带常见物种的近亲，但也存在一些真菌在形状、形态和花纹上与已知物种截然不同。

和温带森林一样，生活在高处的真菌在树枝上进行分解工作，而内生真菌、地衣和病原菌则生存在乔木和灌木的表面或内部。为避免在森林地面上争夺死亡植物等物质，一些腐生菌会形成菌丝网捕捉掉落的植物碎屑。地面上的真菌大多是分解者，其中一些真菌附着在新鲜的物质上，另一些则仅附着在完全腐烂的物质上，还有许多真菌只生长在某些特定的植物种类上或某一类型的枯死植物上。这导致整个森林中不同真菌物种的生长区域错综复杂，形成了类似马赛克的生长区域。每平方米土壤中的真菌物种的种类与100米之外类似面积大小的土壤中的真菌物种大不相同。虽然一年四季都可以发现真菌的子实体，但有时子实体密集结实的时期要比温带森林长得多。

森林是鲜活的历史。虽然有些树木的寿命相对较短，但橡树、紫杉和红雪松等树木却可以存活千年或更久。在树木晚年的各个阶段，真菌都发挥着至关重要的作用。

古树与真菌

饱经沧桑的古树

树木和我们一样，会在日趋成熟中发生变化。小树枝和分叉会因为被上面的树枝遮挡阳光而枯死。一株饱经沧桑的老树具有更粗壮的树干、较矮小的树形和更小的树冠。在成为古树后，树干会呈现中空状态。

树皮

溃疡是指树皮死亡并常常形成凹陷的区域，主要由杀死树皮活组织的病原菌引起。少数溃疡会进一步向内发展，影响内部的木材。但大多数造成树皮溃疡的木腐菌是从被寄生的树木内部向外生长至树皮的。这种子囊菌门弯孢霉属的刺状弯孢壳菌（*Eutypa spinosa*）就以这种方式在树木上形成长条形溃疡，有时会被误认为是雷击造成的。

中空状态

树木中心的心材已经死亡，因此生活在那里的木腐真菌大多不会危害树木，反而是释放出可以被树木重新利用的营养物质。橡树等树木的心材中含有单宁和其他化学物质，这些化学物质可以抵挡许多真菌和无脊椎动物，因此只有少数几种真菌经过进化才可以在这类木材中生长。山毛榉等其他树木则不含有毒化学物质，可被多种真菌侵染。树干腐朽后形成的中空为许多鸟类、哺乳动物和无脊椎动物提供了栖息地。

木质根

树干基部的子实体表明，粗大的木质根可能正在被腐蚀，这种腐蚀可能会延伸到树干。

A. 粘盖菌（*Mucidula mucida*）是一种担子菌。它原产于欧洲，通常在夏末和秋季出现在山毛榉树上。

C. 松生拟层孔菌（*Fomitopsis pinicola*）可导致活着的针叶树和阔叶树上枯死的部分发生褐腐。这种菌在北半球很常见。

F. 南方灵芝（*Ganoderma australe*）是一种坚硬的多孔菌，可存活数年，会腐蚀树干中死去的心材。

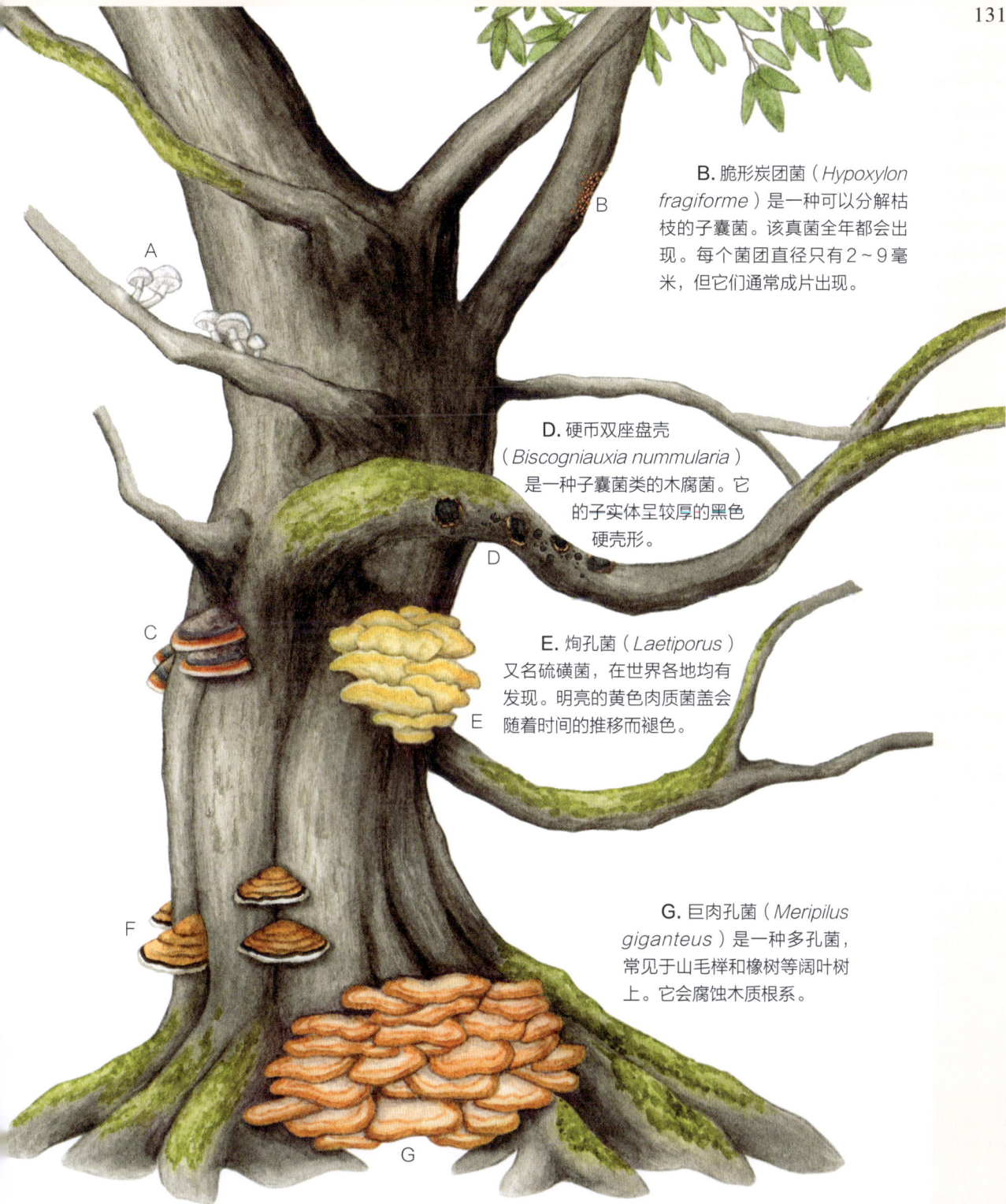

B. 脆形炭团菌（*Hypoxylon fragiforme*）是一种可以分解枯枝的子囊菌。该真菌全年都会出现。每个菌团直径只有2~9毫米，但它们通常成片出现。

D. 硬币双座盘壳（*Biscogniauxia nummularia*）是一种子囊菌类的木腐菌。它的子实体呈较厚的黑色硬壳形。

E. 炮孔菌（*Laetiporus*）又名硫磺菌，在世界各地均有发现。明亮的黄色肉质菌盖会随着时间的推移而褪色。

G. 巨肉孔菌（*Meripilus giganteus*）是一种多孔菌，常见于山毛榉和橡树等阔叶树上。它会腐蚀木质根系。

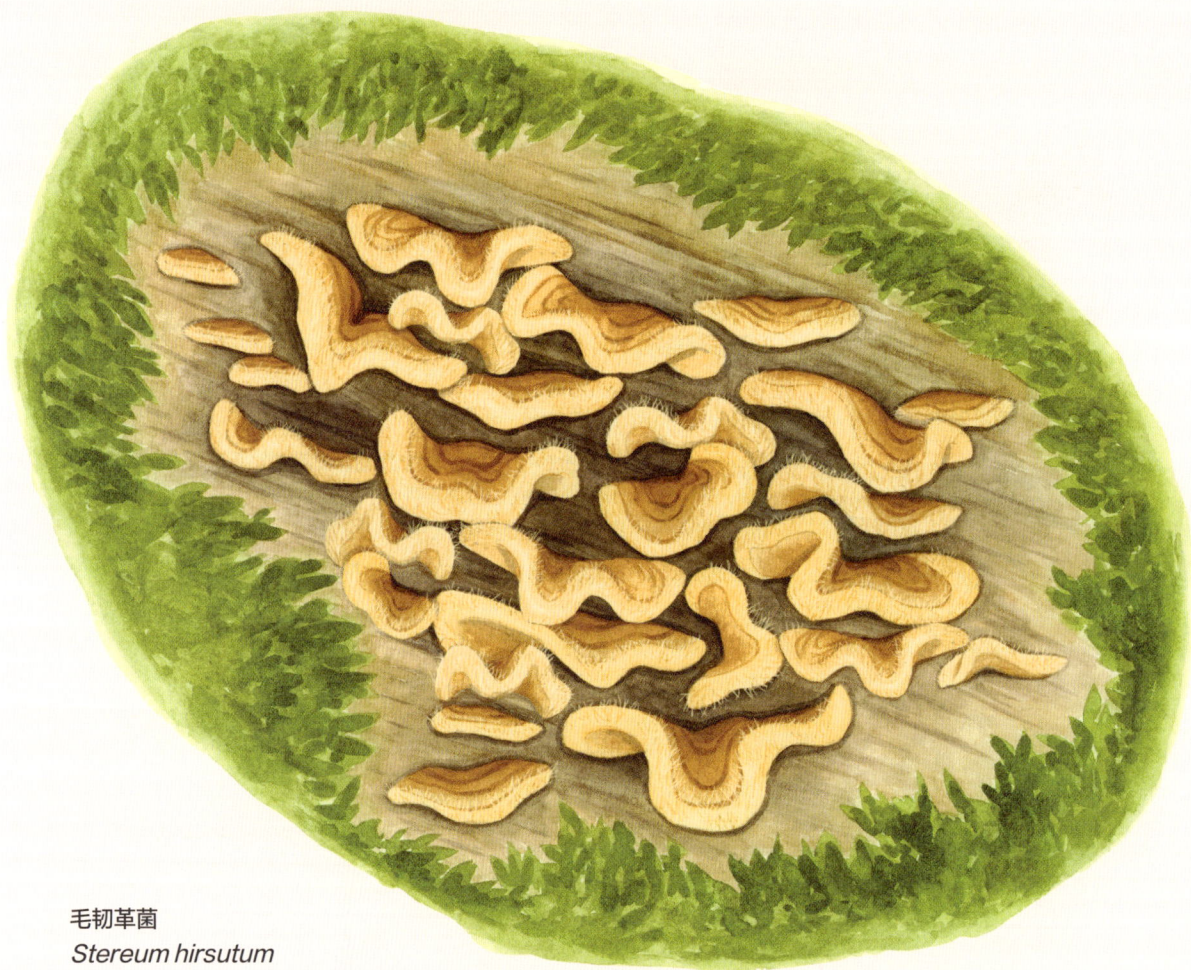

毛韧革菌
Stereum hirsutum

这种壳状真菌多见于阔叶树的树冠、森林地面的树枝以及其他木材上。它能取代最早定居在该处的真菌，但自身也会被更具拮抗性的物种所取代。

从树冠中的枯枝到森林地面上的腐烂木材，不同的真菌群落在腐蚀木材的不同阶段各司其职。

腐败的树枝

不同时间的变化

当枯枝仍长在树冠上时，腐蚀就已经开始了，月复一月，木材中真菌的种类也会发生变化。第一批真菌已经适应了环境，能够很好地适应水分含量较高的新枯枝，开始了它们作为内生真菌的生活；另一些真菌则产生大量的孢子，迅速萌发生长，以便在其他真菌到达之前抢占生长优势。随后，其他真菌或以孢子形式，或通过土壤以菌丝体形态到达这里。如果新来的真菌比早期定殖者的战斗力更强大，它们就会迅速取代早期定殖者。接下来，擅长分解高度腐烂木材的真菌就会占据主导地位。尽管这些变化都隐藏在木材内部，但如果你几年后再次回来观察，便会看到不同种类真菌的子实体相继出现，这就是这段变化的证据。

不同树木的真菌

不同树种的腐蚀过程由不同特征的菌群进行，这些不同菌群的子实体也不同。在橡树上可能有烟色韧革菌（*Stereum gausapatum*）、栎隔孢伏革菌（*Peniophora quercina*）和使树枝呈现出淡紫色并覆盖一层蜡质的食木伏勒菌（*Vuilleminia comedens*）。在山毛榉上如果出现疱状凸起，那可能是硬币双座盘壳（*Biscogniauxia nummularia*）和脆形炭团菌（*Hypoxylon fragiforme*）这类子囊菌，以及近乎透明的粘盖菌（*Mucidula mucida*）。金针菇（*Flammulina velutipes*）常见于阔叶树的枝条和树桩上。当它们明亮的橙色菌盖出现在我们的视野时，冬日的散步也一下子变得明媚起来。在树冠中，这些真菌可能会被变色栓菌（*Trametes versicolor*）等真菌所取代。这些真菌能够完成腐蚀过程，但它们通常会被更具拮抗性的真菌所取代，例如在森林地面上形成菌索的簇生垂幕菇（*Hypholoma fasciculare*）。

仔细观察森林中那些较小的生命组成部分，如松果、硬壳坚果、未掉落的枯枝，甚至是一些草本植物或灌木植物的粗茎，你会发现那里也有真菌。

松果、坚果和树枝上的真菌

一些真菌专门以凋落的小枝叶为食，并已经逐渐进化，能够应对具有化学成分罕见、体积小、硬度大和水分高等特点的植物组织。

耳匙菌（*Auriscalpium vulgare*）的子实体与众不同，它们的柄位于菌盖的一侧，菌盖下面有尖齿状的突起，而不是菌褶。这种真菌通常出现在森林地面的松果甚至被完全埋在土壤下的松果残骸上，也会出现在花旗松的松果上，在云杉等其他树种的松果上偶尔也能见到它们的踪迹。这种真菌在欧洲、中美洲和北美洲以及温带亚洲广泛分布。

栎果膜盘菌（*Hymenoscyphus fructigenus*）看上去像是一丛丛白色的小杯子，擅长腐蚀坚果，特别是山毛榉和美洲山核桃的果壳和橡实。栎弯壳菌（*Colpoma quercinum*）是一种子囊菌，长着小巧的椭圆形外壳（长2～15毫米）。它是一种内生菌，生长在健康的橡树细枝上，是仍未掉落的枯枝的早期腐蚀者。

果生炭角菌
Xylaria carpophila

和同属于子囊菌门、通常生长在木材上的团炭角菌（*Xylaria hypoxylon*）非常相似，果生炭角菌专门以包裹在山毛榉种子外的坚硬外壳为食。这种真菌一年四季都可见，在秋季和初冬产生有性孢子时会变成黑色。

栎杯盘菌
Ciboria batschiana

这种子囊菌生长在老橡实和甜栗坚果上，它的菌柄长度可达2厘米，菌柄上会生出棕色的圆形"杯子"。

喜棘兰斯盘菌
Lanzia echinophila

喜棘兰斯盘菌的棕色扁平圆盘经常出现在包裹甜栗坚果的外壳上，但这种真菌也会腐蚀原产于东南欧的土耳其橡树的橡实。

毛状小皮伞
Marasmius capillaris

毛状小皮伞会分解山毛榉的叶子，并在夏末到冬天产生子实体。细长菌柄的顶端会长出小巧的白色伞状子实体。

没有森林，真菌可以生存；但没有真菌，森林却无法生存。真菌是森林生态系统中不可或缺的一部分，它们的生长方式多种多样。

森林里的蘑菇圈

未解之谜

科学家们曾认为，腐生菌形成的蘑菇圈（又称仙女环）之所以会向外扩张，是因为它们食物不足，或者蘑菇圈的中心地带变得有毒性。然而，森林每年都有新的枯叶落下，林地中的真菌不可能没有食物。一个简单的实验也表明中心地带并无毒性：如果切下一块蘑菇圈上包含完整宽度的菌丝带的草皮，移至蘑菇圈中心，真菌仍可生长。有趣的是，当将多块草皮朝不同方向摆放时，菌丝仅从原来向外生长的一侧边缘生长。

有些林地真菌的菌丝体会生长在植物的某一枯死部位上，但它更常见的是在大片区域定殖，将叶子粘在一起形成团块。真菌的子实体或单个出现，或作为独立的小群体出现，甚至形成明显的环状。

那些腐生菌子实体形成的环称为蘑菇圈。菌丝体从中心的一个起点开始，首先形成一个大致呈圆形的小斑块，然后不断向外扩展。中间的菌丝体会死亡，然后向外延伸成宽阔的菌丝带，随着菌丝体不断向外生长，中间会留下一个空白的圆圈。随着外缘延伸，内圆的菌丝会死亡，菌丝物质会被回收到菌丝体的其他部位。秋季，菌丝带上会长出子实体。

这些子实体表明地下隐藏着以枯叶和植物其他部位为食的菌丝体。当蘑菇圈遇到岩石或大树时，会在两边继续延伸，但菌丝不会再次连接起来，因此圈上会留下一个缺口。森林中的蘑菇圈并不容易被发现，而草地上的蘑菇圈更容易留下明显的线索（见第138~139页）。

蘑菇圈

这些蘑菇圈是由树木四周的真菌产生的，如毒蝇鹅膏（*Amanita muscaria*）。这些真菌通常与树根形成外生菌根共生关系。子实体出现的位置并不代表着菌丝的边缘所在，因为菌丝可能延伸到数米之外吸收水分和养分，然后再将其传递给树木以换取糖分。

蘑菇圈与枯草

硬柄小皮伞（*Marasmius oreades*）等真菌会形成一个由枯草组成的圈，枯草圈两侧的草却生长旺盛，郁郁葱葱。真菌子实体经常出现在死亡区域的内部或附近。这是草地上最常见的一种类型的蘑菇圈。

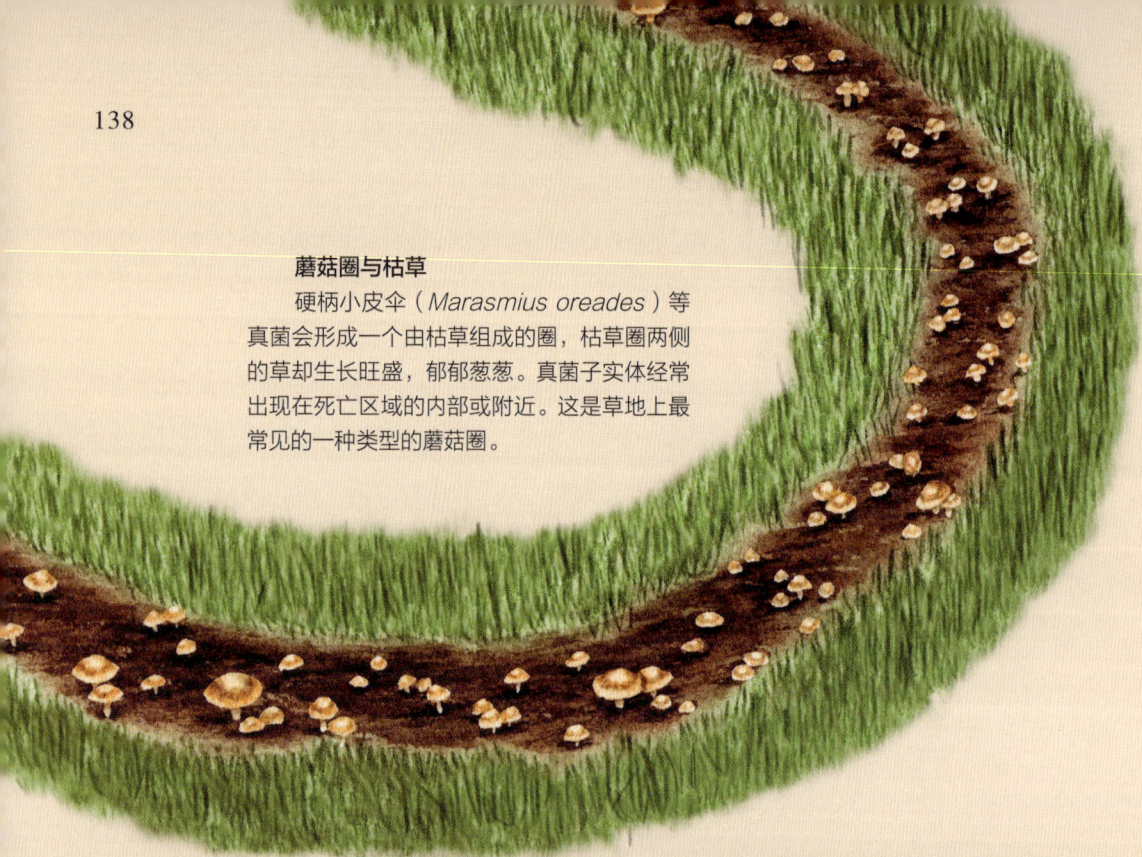

大秃马勃蘑菇圈

由大秃马勃（*Calvatia gigantea*）组成的蘑菇圈是第二种常见蘑菇圈，没有死亡区域，只有一圈茂盛生长的深色绿草。

几个世纪以来，蘑菇圈一直激发着人们的想象力。但是，有些蘑菇圈几乎是看不见的。草地上的细微迹象暗示着真菌存在于地面之下。

草地上的蘑菇圈

最大的蘑菇圈直径可达数百米，有些甚至可以在谷歌地球上看到，例如美国怀俄明州拉勒米机场最西边的跑道周围的那些大型蘑菇圈。

菌丝体从中心点开始向外生长，在向外扩张时，内部区域的菌丝会死亡，因此子实体只出现在边缘。能够形成蘑菇圈的真菌有140多种，蘑菇圈的类型主要有三种。第一种是由真菌造成的枯草形成（见左页上图）；第二种是茂盛的草圈，真菌分解死亡植物质并向土壤中释放营养物质，草地因此茁壮生长（见左页下图）；第三种是真菌在每年适当的时间产生一圈子实体，对草不会产生任何明显影响。

蘑菇圈以每年约4厘米的速度向外扩张，据估计，最大的蘑菇圈至少有2000年的历史。当不同的蘑菇圈相遇时，它们会在接触点死亡，但蘑菇圈的其余部分会以弧形以及更为复杂的形状继续生长。

草原上的植物与森林中的植物差异很大。草原植物具有不同的根系，木质组织极少。因此，生长在草原上的真菌也有不同的本领。

天然草原上的真菌

草原覆盖了全球20%左右的陆地面积，但大多数草原都由人类管理，人类犁地、重新种植速生草并添加无机肥料。100多年来，欧洲大部分的草原几乎都没有闲置。更为天然的草原包括花团锦簇的干草甸、草坪，甚至墓场中的草地，这些草原都能成为真菌的庇护所。草原上的真菌物种因气候和土壤类型而各有不同，尤其会受到土壤酸碱性的影响。天然草原是那些稀有而迷人的草原真菌的栖身家园。

CHEGD 真菌

天然草原上存在大量CHEGD真菌，CHEGD真菌越多，说明该草原越需要被保护起来。CHEGD是在这些草原上发现的特殊真菌群的首字母缩写词。

C指珊瑚状和棒状真菌（clavarioid fungi），这些真菌的颜色包含米白色以及各种鲜艳的彩色。有些甚至是全球性的濒危物种，比如独特的佐林格珊瑚菌（*Clavaria zollingeri*，见第47页）。

H指湿伞属（*Hygrocybe*）及其近缘属真菌。这些真菌常常具有色彩鲜艳的蜡质子实体，发现它们总是一件令人兴奋的事——无论是绯红湿伞（*Hygrocybe coccinea*），还是稀有的、全球性濒危的紫红色女王湿果伞（*Gliophorus reginae*）。事实上，90%的湿伞属物种都出现在欧洲国家的濒危物种红色名录上。

E 指粉褶蕈属（*Entoloma*）真菌，例如布洛粉褶菌（*Entoloma bloxamii*）。

G 指地舌菌属（*Geoglossum*）及其近缘属真菌。这些子囊菌往往难以发现，因为它们的子实体呈黑色、深棕色或橄榄绿色，形状稍显扁平，高度仅突出于土壤表面2.5~7厘米。

D 指皮蘑属（*Dermoloma*）及其近缘属真菌。这是一些灰棕色的小蘑菇，菌盖表面通常有裂痕。

紫黑地舌菌
Geoglossum atropurpureum

这种子囊菌主要生长在北美洲和欧洲的钙质草原，其种群数量正在减少，属于全球濒危物种。

布洛粉褶菌
Entoloma bloxamii

这种真菌的菌盖呈蓝色斑驳状，菌盖下是鲑粉色的菌褶，它主要生长在中性和钙质土壤中，属于全球濒危物种。

绯红湿伞
Hygrocybe coccinea

虽然绯红湿伞不太容易被发现，但它比大多数其他湿伞属真菌要常见一些。长期以来，湿伞属真菌一直被认为是一种腐生菌，但现在人们认为它与植物的根系形成伴生关系。

花园里的每一种植物都与真菌有关。它们有的是支持植物生长的菌根真菌和内生真菌，有的是能引起植物病害的病原菌，有的则能分解植物产生的废物。

花园与草坪里的真菌

在花园、公园、菜园、花坛中，甚至在窗台盆栽、堆肥堆、原木堆和草坪中，我们都可以发现成千上万种不同的真菌。这些真菌往往隐藏在我们的视线之外，但它们却是五彩缤纷的花园中不可或缺的一部分。

草地和草坪草里的真菌

草坪和草地上的死亡有机物会被真菌消耗和循环利用，一些真菌形成了蘑菇圈，另外一些则是草地和草坪草的病原菌。雪腐微座孢（*Microdochium nivale*）能够引起雪霉叶枯病，这种病通常在雪融化后出现，因此也被称为雪霉。这种真菌通常会使大片的草坪草变黄，草地随即干枯，变成棕色。其中偶尔可以看到粉红色的菌丝，特别是在霉病区域的边缘。另一种引起草地出现黄色斑块的是红丝病，由草坪草红丝病菌（*Laetisaria fuciformis*）引起。这种真菌的生命周期分为两个阶段：在第一阶段，真菌产生鲜艳的红色菌核，看上去好像是从草叶上突出的细针，它可以使真菌在土壤中存活很长时间；在第二阶段，当真菌萌发时，菌丝会通过草叶表面被称为气孔的微小开口迅速侵入鲜活的小草。

不请自来的温室客人

常见于热带和亚热带地区的真菌子实体有时也会出现在温室堆肥堆中。例如，致命的皱盖锥盖伞（*Conocybe rugosa*，见第96页）有时也会出现在整个欧洲大陆、北美和非洲的堆肥堆中。

蜜环菌
Armillaria

有几种蜜环菌会经常出现在草坪上。其中一些会杀死树根、灌木甚至非木本植物，另外一些则是"机会主义者"，它们会在弱小或刚刚死去的树木的根系上定殖。

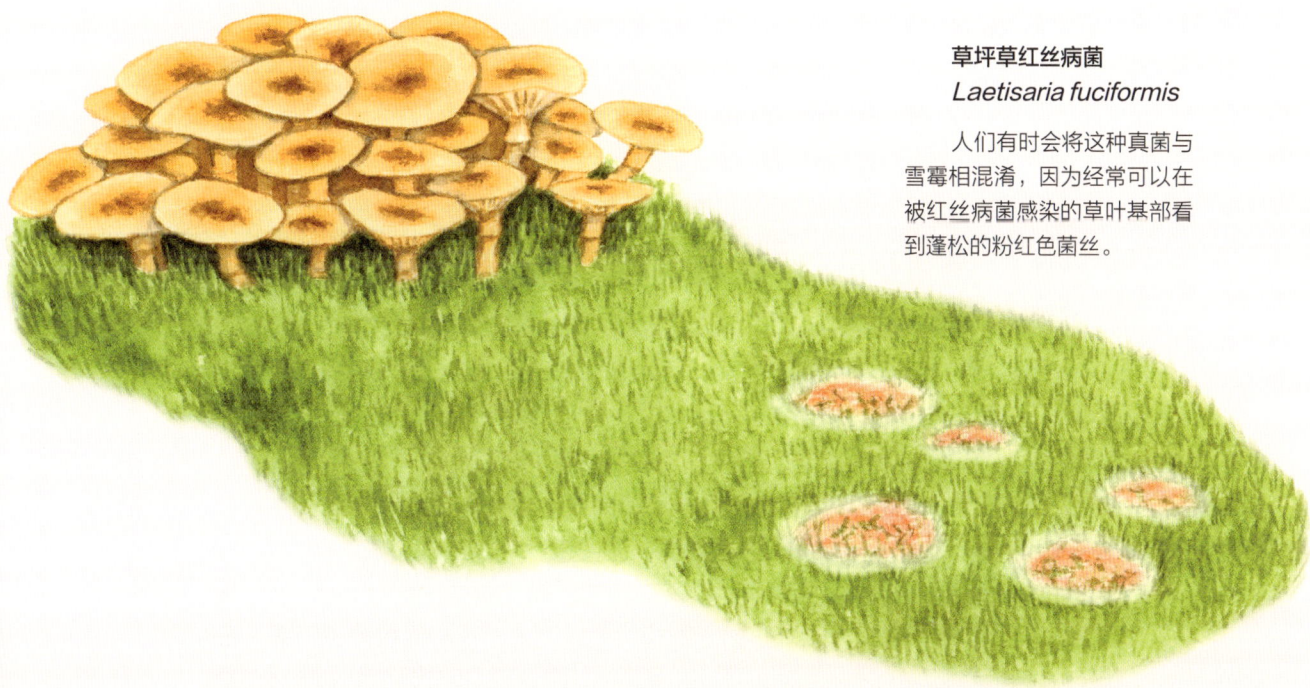

草坪草红丝病菌
Laetisaria fuciformis

人们有时会将这种真菌与雪霉相混淆，因为经常可以在被红丝病菌感染的草叶基部看到蓬松的粉红色菌丝。

半卵形斑褶菇

Panaeolus semiovatus

　　这种分布在欧洲和北美洲的粪生真菌具有暗淡的黄褐色子实体，可以分解食草动物的粪便。它通常在粪便被排出10天以后才会出现。

下次在田野漫步的时候，请注意脚下可能会出现的真菌。田野里随处可见的动物粪便是真菌的家园，某些真菌物种可是分解粪便的行家呢！

食草动物粪便上的真菌

食草动物的粪便营养丰富、呈碱性且湿润，是某类特殊真菌的理想家园。粪便的成分取决于排便动物的种类、粪便在地上的时长以及周边环境条件，这些都会对生长其上的真菌种类产生影响。当粪便落地时，它就已经含有许多能分解粪便的真菌孢子。这些孢子萌发时，菌丝体会定殖在粪便中。真菌进食和生长的速度不同，有些只能分解并摄取简单的化学分子作为食物，有些则可以摄取更复杂的分子。

当真菌获得足够的营养时，它们会形成子实体。那些摄取简单化合物并产生小型子实体的菌株在几天内就能实现这一过程。而那些摄取较复杂的化合物并产生较大子实体的菌株则需要几个星期才能生成子实体。毛霉门毛霉属（*Mucor*）和水玉霉（*Pilobolus*）等真菌的微小子实体在粪便排泄 1~3 天后出现，7 天后消失；稍大些（直径几毫米）的子囊菌，如粪盘菌属（*Ascobolus*）和缘刺盘菌属（*Cheilymenia*）等会在粪便排泄 5~6 天后出现；柄孢壳菌属（*Podospora*）和粪壳菌属（*Sordaria*）等会在粪便排泄 9~10 天后出现；粪便排泄 10 天或更长时间后，具有较大子实体的粪生担子菌出现，例如具有粗糙卵状菌盖的粪鬼伞（*Coprinus sterquilinus*）和半原球盖菇（*Protostropharia semiglobata*），后者在干燥时光滑有亮泽、在潮湿时黏稠。

食草动物在吃植物时通常会将孢子一起吃下，但大多数食草动物不喜欢在自己的粪便附近进食。为解决这个问题，水玉霉（见第 41 页）会将它的孢子囊射向距离它精致的子实体 1 米远的地方。

和某些植物一样，某些真菌会在火后的环境里蓬勃生长，可以称为烬生真菌（意为生于灰烬之中）。

灰烬里的真菌

搜寻的时间和地点

即使在小型篝火的灰烬中也会有有趣的发现，但大约要等到火灭7周后。焦地盘菌属（*Anthracobia*）和火丝菌属（*Pyronema*）的真菌出现的时间会早些，但12~18个月后就会消失。炭色粪盘菌（*Ascobolus carbonarius*）、盘菌属（*Peziza*）和烧地鳞伞（*Pholiota carbonaria*）等菌种会在火灭10~15周后出现，但两年后就很少看到了。最后，内果褶盘菌（*Plicaria endocarpoides*）要直到20~50周后才会出现，甚至有时在篝火后3或4年后仍能看到它。

每年约有5.7亿公顷的土地会经历大火，要么是有计划地焚烧，要么是野火。在极少发生野火的生态系统中着火时，真菌群落会被破坏，需要许多年才能恢复。但在大火规律性出现的地区，真菌已经进化出了应对机制。

烬生真菌有很多不同的类型。有些仅在烧焦的地面上出现，如子囊菌门的炭色粪盘菌（*Ascobolus carbonarius*），它们娇小的橄榄棕色菌盘与被烧焦的地面混为一体。还有一些种类的真菌经常在火焚过的土地上大量出现，如炭地杯菌（*Geopyxis carbonaria*），它小小的棕色杯状子实体镶着一圈白色的边。不同物种的烬生真菌会以不同的方式应对大火带来的热量。例如，土生空团菌（*Cenococcum geophilum*）可以在菌根或土壤深处的菌丝体中存活。

一些真菌不仅能在火后存活下来，而且还能茁壮成长。某些物种受到高温或由高温环境引发的化学变化的刺激而生长或结实。在植被烧焦后很容易发现粗糙脉孢菌（*Neurospora crassa*），它的大量橙色菌丝体和无性孢子覆盖在木头上形成斑块。它具有黑色外壁和粗壮条纹的子囊孢子会在50~70℃温度的刺激下萌发。烧地鳞伞（*Pholiota carbonaria*）能够作为内生菌生活在苔藓中，但只有在苔藓被烧焦后它才会形成子实体。

A. 内果褶盘菌（*Plicaria endocarpoides*）是一种常见的欧洲菌种，能够产生深棕色的杯状子实体，直径可达6厘米，从春季到秋季的烧焦土地上都能发现它的踪迹。它在火后的20～50周才会出现，但可能会持续存在长达3~4年。

B. 焦地盘菌（*Anthracobia melaloma*）的子实体很小（直径不到0.5厘米），呈橘黄色杯状，几乎只出现于烧焦的土地上，包括篝火灰烬和火山爆发后的岩石上。它的孢子具有耐热性。

C. 一些羊肚菌属（*Morchella*）的菌柄上长着表面有蜂窝状凹坑杯状子实体，它们能在被烧毁的针叶林灰烬中崛起。有些羊肚菌可以在野火中存活下来，例如绒羊肚菌（*Morchella tomentosa*），这要归功于它们深埋地下的生存结构——菌核，这是一团球形或稍微扁平的真菌组织，包裹在厚厚的外层里。

紫黑厚盘菌
Pachyella violaceonigra

这是一种罕见的子囊菌，生长在水下湿木上，可以通过其大型（直径几厘米）、胶质的紫色杯状子实体来识别。

湿生地杖菌
Mitrula paludosa

湿生地杖菌是一种子囊菌，它的橙色或黄色的棒状菌盖长在高达4厘米的白色菌柄上，发现这种真菌是一件令人兴奋的事情，因为它通常会有很多子实体。在温带气候环境下，它从早春二月到夏末都会出现。

沼泽地与大多数陆地栖息地不同，从名称中就可以看出，那里非常潮湿。在沼泽里，你会发现一些能够适应该特殊区域的真菌。

沼泽地里的真菌

沼泽地正逐渐减少，在过去的300年里，世界上约87%的湿地因农业、住房和工业而被排干。这些地区的一些真菌种类现在已经很少见了。水生植物的根系庇护了很多不同种类的真菌，它们大多形成丛枝菌根或内生菌。它们能产生孢子，但不能形成肉眼可见的子实体。桤木、杨树和柳树（许多温带地区水路两旁的主要树种）的根部会形成外生菌根和丛枝菌根，因此有时可以看到子实体。然而，湿地中的大多数子实体都属于腐生菌。

沼泽地里的腐生菌

像火柴棍一样的湿生地杖菌（*Mitrula paludosa*）分布广泛，但并不常见。它的子实体会从黑色腐烂的植物、藻类和苔藓的残骸中生长出来，又在洁净、流速缓慢的水面上昂首挺立，十分引人注目。

雕柄无环蜜环菌（*Desarmillaria ectypa*）生长在腐烂的泥炭藓、芦苇和莎草中，栖息地位于北欧和亚洲的沼泽和湿地里，它的子实体很难被发现。事实上，它被列入了11个欧洲国家的濒危物种红色名录。然而，当英国皇家植物园——邱园将其作为"失而复得的真菌"项目之一并开展搜索时，却发现这种真菌出现的频率高于预期。

大多数腐蚀水下木材的真菌都是子囊菌，其中很多是瓶状真菌，子实体小，但也有一些较大的杯状真菌，如紫黑厚盘菌（*Pachyella violaceonigra*）。

让人意想不到的是，在淡水中，例如湖泊、河流、池塘、水洼，甚至是注水的树干空洞中也能发现真菌。

淡水里的真菌

平均每升溪水中含有多达3万个淡水真菌孢子，真菌作为淡水生态系统中的分解者，发挥着关键作用：如果真菌不分解水中的枯枝落叶，河流和溪流很快就会堵塞。科学家们已经发现了超过3000种淡水真菌，包括在水下木材上发现的水生子囊菌和产生游走孢子的壶菌。当前研究最多的可能是淡水丝孢菌，通常情况下，它们没有已知的有性阶段，经常被称为英戈尔德氏真菌，用以纪念首位详细描述它们的真菌学家塞西尔·英戈尔德（Cecil Terence Ingold）。

尽管大多数水生丝孢菌通常与淡水有关，但也有些还会出现在树洞、树根、树冠以及森林地面上。一些内生菌会生活在水下的树根内，例如小水曲孢菌（*Campylospora parvula*）和丝孢小棒孢菌（*Filosporella fistucella*），它们存在于一些被水淹没的桤木的根系中。

真菌的适应性

许多淡水子囊菌已经发展出能够帮助孢子附着在木质材料上的特性，适应了水生环境。这类真菌的子实体通常部分或全部嵌在木质基质中，有些子实体有囊，且这些囊会液化分解，有助于释放孢子。

英戈尔德氏真菌的孢子也很好地适应了水生环境，它们相对较大，形状独特，通常长度可达100微米。任何湍急的河流或溪流都有这些真菌的孢子。观察它们的最佳方法是使用塑料容器收集水冲过石头时形成的泡沫。在这些泡沫中有许多形状奇特的真菌孢子，它们被困在气泡里，可以通过光学显微镜观察到。

英戈尔德氏真菌的孢子
　　此类真菌的孢子很多都非常漂亮，它们的形状可以提供一定阻力，从而很好地抵抗水流的冲击；它们通常有一些带有黏性的附属结构，助其附着在水中的有机物上。

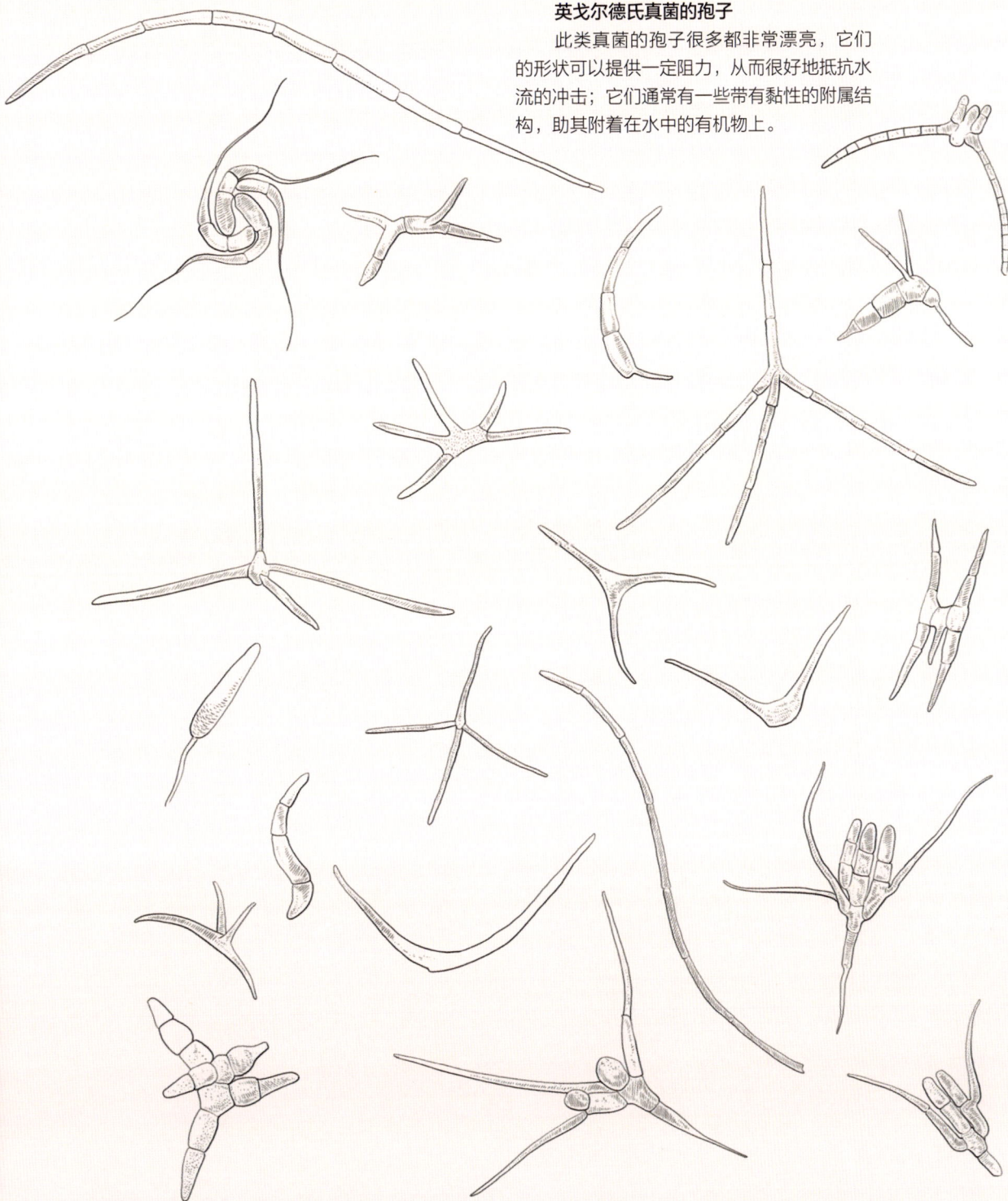

　　我们星球上的海洋中充满了真菌生命，但与陆地不同，它们几乎不会显现出任何明显迹象——除非你使用显微镜、提取它们的DNA或在实验室培养它们。探索海洋真菌可不像散步那么简单，更像是水肺潜水。

海洋里的真菌

　　目前人类已知的海洋真菌有1000多种，但科学家估计还有1万多种海洋真菌有待发现。其中有些真菌是从陆地上冲刷出去的，但很多是海洋中特有的。它们中有些是寄生菌，有些是腐生菌，还有些则是海藻的共生伙伴。

　　壶菌是一种微观真菌，其孢子可以游动，可以寄生在长度不到0.2毫米的显微藻类——硅藻中。真菌还可以定居在红树林的树叶或树干上，世界四分之一的海岸边都长有红树林。真菌通常肉眼不可见，但如果把红树林的枯枝落叶放在一个有盖的盘子里，周围用湿润的纸巾围住，它们娇小的杯状子实体（高约0.1毫米）便会出现。

杀手与伙伴

　　海藻上最常见的真菌是病原菌，但也有少数是必不可少的共生伙伴。例如，泡叶藻藻栖菌（*Mycophycias ascophylli*）生长在岩藻中，这是一种生长在潮间带的棕色海藻（退潮时暴露在水面，潮涨时生长在水下）。真菌会保护幼年的岩藻在潮落时免受干燥。

　　珊瑚礁是海洋环境中生物多样性最丰富的生态系统，但当前它们的生存受到了威胁。它们不仅遭受海洋酸化和海水变暖带来的破坏，还会因聚多曲霉（*Aspergillus sydowii*）等真菌发生病变。

令人惊叹的适应性

海洋真菌已经适应了海洋环境，并能应对各种环境挑战。真菌细胞中可以形成甘油，从而将真菌内部的盐分保持在适宜的水平，防止它们萎缩。它们的外层含有黑色素，可以阻止阳光直射。

在更极端的海洋环境中发现的真菌更难研究。那些在深海或海洋地壳下发现的真菌必须应对缺氧和巨大的气压，因为海面气压比真菌习惯的气压要低得多，所以这些真菌很难被研究。

珊瑚疾病

聚多曲霉（*Aspergillus sydowii*）可引起柳珊瑚的曲霉病。柳珊瑚是加勒比海珊瑚礁群落的重要组成部分。这种疾病可导致珊瑚白化、病变部位出现紫色色素沉淀并最终死亡。

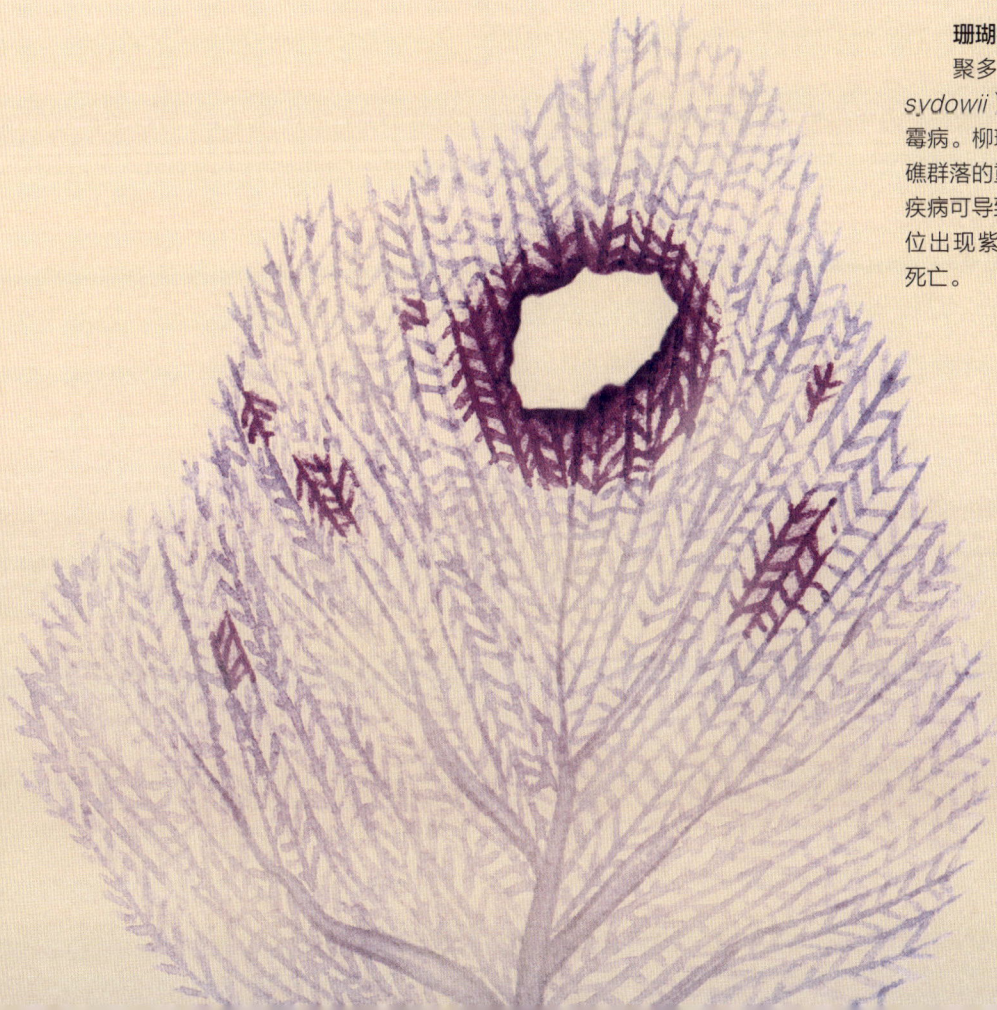

沙丘是由风或水驱使的沙子堆积而成的。这片栖息地条件恶劣，容易移动和改变形状，含水量低，植被受限。但即使在这里，真菌也有自己的家园。

沙丘里的真菌

沙丘既分布于沿海地区，也分布于内陆。在内陆，它们形成了非洲撒哈拉沙漠和卡拉哈里沙漠这样巨大的干燥沙漠。沙丘系统的规模和特征取决于地质、地形和气候条件。

移动沙丘里的真菌

在沿海沙丘系统中，雏形沙丘的移动沙子不能维持开花植物或大型真菌的生长。尽管沿岸沙丘和"黄色"沙丘也是移动的，但滨草和披碱草等深根草提供了一些稳定性，使一些较大的真菌得以生长，比如沙生盘菌（*Peziza ammophila*）和粉托鬼笔（*Phallus hadriani*）。

固定沙丘里的真菌

其他大型真菌可以生长在内陆地区更稳定的沙丘里，包括一些常见的远离海岸地区的草原菌种和锥形湿伞（见右页）。在欧洲的固定沙丘中，有柳树等贴地的木本植物，在这些植物上你可能会发现裂盖马鞍菌（*Helvella leucopus*）的子实体，它们具有扭曲的波浪形深色菌盖。与这些矮小树木的根系共生的真菌很常见，如沙生丝膜菌（*Cortinarius ammophilus*）和褐鳞丝膜菌（*Cortinarius fulvosquamosus*）等，这些真菌基本专属于沙丘沙窝地区，也与该地区的湿度较高有关。

沿海沙丘系统

一些沿海沙丘系统延伸数千米，形成不同的"区域"。从海岸线向内陆出发，我们会遇到移动的雏形沙丘，然后是沿岸沙丘和"黄色"沙丘。这些不稳定的沙丘在风中不断移动。再往内陆是较为稳定的地区——半固定（"灰色"）沙丘和覆盖着草的稳定的沙丘系统。在这里，被称为"沙窝"的凹地和洼地容易发生洪水。再往远处，就是温带地区的林地。

B. 锥形湿伞（*Hygr-ocybe conicoides*）的菌盖色彩明亮，宽2～4厘米，干燥时丝滑，潮湿时滑腻。过去人们认为蜡伞类真菌会腐蚀已死的植物根系，但现在看来，它们很可能是与植物根系或苔藓共生的伙伴。

A. 茎生亚侧耳（*Hohenbuehelia culmicola*）是一种深棕色的平菇，它的子实体长在已死亡的滨草根部附近。这种真菌与其他罕见的亚侧耳菌物种一起生长在欧洲的半固定沙丘上。它的菌盖宽2～7厘米。

C. 砂褶小脆柄菇（*Psathyrella ammophila*）是一种常见的蘑菇，广泛分布于移动的沿海沙丘。它的子实体可高达8厘米，从春末到秋末都能生长。它的菌柄会延伸到沙子表面以下，以腐烂的滨草为食。

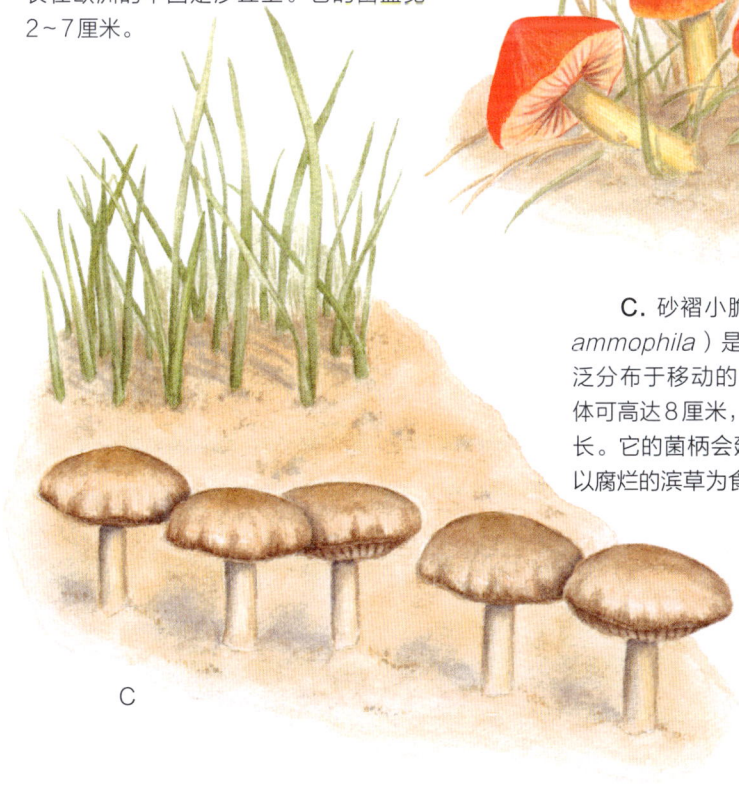

南极和北极地区环境恶劣，极端寒冷又多风干旱。由于大部分水面都结冰了，很难想象有什么东西能在这里生长，然而一些真菌却把极地作为自己的家园。

极地的真菌

南极地区的真菌

南极大陆的大部分地区被冰所覆盖。尽管南极沿海地区的土壤温度在夏季可达到20℃，但这片大陆也保持着地球上最低温度的记录——-89.2℃。只有两种开花植物能适应这里的气候条件，大多数植被是苔藓。地衣可以经受长时间的干旱，但它们的生长速度非常缓慢。真菌也存在于西格尼岛和南奥克尼群岛的土壤中，在这里，大约每1克土壤包含0.1~6千米长的菌丝。然而，其中只有一小部分是担子菌，很少能看到真菌的子实体。但在南设得兰群岛，人们已经发现了几个蘑菇物种。

北极地区的真菌

斯瓦尔巴特群岛位于北纬74°~81°的北冰洋上，超过三分之二的面积都是自然保护区，60%的土地被冰川覆盖，但是由于全球变暖，这些冰川正在减少。灌木正在侵入过去主要生长苔藓和地衣的地区。当科学家对小面积地区进行加温时，柳树等外生菌根的宿主植物开始生长，而苔藓开始减少。因此，随着气候变暖，这里能够形成蘑菇的真菌也可能会增加。北极地区的大多数蘑菇生长于高山之上，尖刀乳菇（*Lactarius lanceolatus*）在北极较为常见。

适应寒冷

极地真菌面临的主要挑战是阻止细胞内生成冰晶，因为冰晶会导致细胞破裂。因此，真菌会产生抗冻蛋白和诸如甘油之类的化学物质，有点像汽车发动机中的防冻液。与气候较温和地区的真菌相比，极地真菌的细胞壁的化学成分也不同，以保证它们在寒冷中不会碎裂。

寒地黑瘤衣
Buellia frigida

　　这种地衣生长在南极洲高海拔地区的岩石上。它的生长条件极为恶劣，因而生长速度非常缓慢，100年只能长大0.5毫米。

盐生阿瑞尼亚菇
Arrhenia salina

　　这种真菌通常只生长在北极的海岸上，但在南极洲的南设得兰群岛也有发现记录。

与植物不同，真菌在没有光线的情况下也可以生长，它们只需要食物、水和适宜的温度。有些真菌确实需要有光线才能正常发育子实体，所以那些生长在地下的真菌经常会长成很奇怪的形状。

洞穴里的真菌

人们在地下洞穴中已经发现了1000多种真菌，但其中只有约200种具有肉眼可见的子实体。它们中的大多数通常生长在地面上，只是偶然出现在洞穴中，却也因此产生了一些怪异而奇妙的样本。例如，洁丽新韧伞（*Neolentinus lepideus*）在黑暗中生长时会长出鹿角形状的子实体，而不是通常的蘑菇形状。变色栓菌（*Trametes versicolor*，见248页）通常情况下呈扇形，具有彩色的条带，但是在黑暗环境里生长时看起来则完全是白色的。

洞穴真菌

只生长在洞穴暗区的真菌被称为洞穴真菌。其中，担子菌生长在矿井的木质坑道支柱上和动物粪便中，如蝙蝠粪堆里。威兰薄孔菌（*Antrodia vaillantii*）曾普遍生长于矿井的木质支撑杆上，因而它的通用名称是矿菌，不过现在支撑杆多使用金属材质，矿菌也因此不太常见了。

外来物种

偶尔，一些外来物种会随着用作矿井支架的木材被带入矿井。矿井中出现一些树木的菌根真菌的子实体也是一种意想不到的景象。它们通常从靠近土壤表面的菌丝开始向上生长，但有时树根会钻入洞穴或地下管道设施里，比如下水道。随后真菌的子实体就会出现在这些地下空间中。同时，一些小型真菌偶然间也会通过风、昆虫或人们的衣服被带进来。那些在洞穴环境之外作为昆虫病原体的真菌，如球孢白僵菌（*Beauveria bassiana*），因产生大量的孢子而经常被人们发现。这些真菌以洞穴中的昆虫为食。

白小鬼伞
Coprinellus disseminatus

　　尽管有一些真菌会在地下长出奇怪形状的子实体，但大多数真菌的子实体是生长在地表之上。这种白小鬼伞会在林地腐烂的树桩上产生大量子实体。不过，与其他真菌一样，它偶尔也会出现在洞穴和矿井等不太常见的地方，在那里它们看起来同样壮观。

橄榄类脐菇
Omphalotus olearius

第六章

你好，真菌家族

世界上充满了奇异而绝妙的真菌，它们的名字就像它们的外表一样有趣。本章重点介绍菌盖和菌柄特征，真菌的微观细节，以及各种示例真菌。

即使不识别每一种真菌的具体能力，我们也能欣赏它们的美丽，也能了解它们在生态系统中的重要性。然而，识别真菌对于确定某种真菌的已知信息以及准确记录其相关信息很有帮助。

识别真菌，从哪里开始

识别真菌没有"最佳"的方法。19世纪初，瑞典真菌学家伊利阿斯·马格努斯·弗里斯（Elias Magnus Fries）将子实体相似的真菌归在一类，称之为"类群"，为真菌分类奠定了基础。然而，从进化的角度来看，外表相似的真菌并不一定属于同一类别，有时看起来不同的真菌反而是近亲。尽管如此，识别类群仍然是开始了解真菌的一个好方法，也正是本书所采用的方法。凭借经验，用肉眼和手持放大镜就能识别出真菌的主要形式。

担子菌和大型子囊菌的主要类群根据子实体的形状和质地以作区分，也可用它们是在子实体的内部还是外部，例如在菌褶、菌管、菌刺或其他表面上产生孢子进行划分。本章以及第180～213页的真菌介绍可作为初学者的入门指南，但并不能作为识别工具。如果需要详细鉴别，请参阅适合您所在国家或地区的野生菌鉴别指南（见第285～286页）。即便如此，大多数指南也只涵盖了已知菌类的一小部分。

在子实体外部产生孢子的担子菌

• 菌柄和菌盖具有菌褶（见第180~187页），菌管可与菌盖分离，或菌盖呈漏斗状并具有脉络或光滑的腹面（见第190页）；具有菌刺（见第188页、第191页）

• 菌管牢固地附着在茎状或檐状菌上（见第192~195页）

• 光滑、疣状、起皱或带刺的结皮（见第196~197页）

• 莲座状和平坦的舌状菌，表面光滑（见第198~201页）

• 珊瑚状（见右图）

• 吊管或圆盘状

• 弹性质地（见第207~208页）

• 凝胶状（见第206~209页）

• 使植物显现锈色或煤污斑块（见第72~73页）

佐林格珊瑚菌
Clavaria zollingeri

在子实体内部产生孢子的担子菌

• 马勃菌和硬皮地星（见第204页）

• 在鸟巢状容器中的蛋状结构（见第205页）

• 气味难闻的鬼笔（见第202~203页）

• 担子菌块菌：球形，块茎状，在地下形成

长裙鬼笔
Phallus indusiatus

大型子囊菌（见第210~213页）的主要类群

• 子囊菌块菌：球形，块茎状，在地下形成（见第227页）

• 杯状结构，其中含有孢子的子囊通过盖子开口

• 杯状结构，其中含有孢子的子囊不需要盖子即可开口

• 嵌在硬组织（基质）中的烧瓶状结构

• 位于或嵌入植物组织中的烧瓶状结构

• 没有子实体，但活叶和果实上有子囊

• 在叶和茎上产生微小的球形子实体

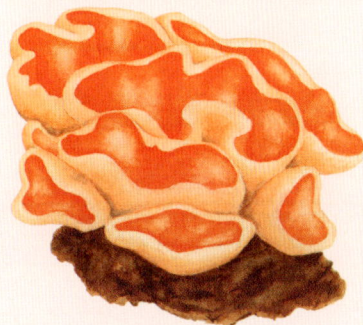

橙黄网孢盘菌
Aleuria aurantia

人们采摘真菌有不同的原因，比如为了辨识真菌物种和进行科学研究。无论出于何种目的，都要确保这样做是合法、合乎道德且安全的。

采摘真菌的行为准则

警告

有些真菌有剧毒，会引起过敏反应，甚至致命；许多真菌会使人感到不适。有毒真菌和无毒真菌极易混淆（见第178~179页），需要采取适当的护理措施，如处理真菌后洗手。

正确识别真菌种类需要相当多的专业知识，而这需要很多年才能掌握。本书针对如何识别广泛的真菌种群给出了一些入门指导，但提供的信息还不足以识别真菌种类。若需要专家辅导和指导，可以参加正规课程或所在国家的真菌学协会❶。

在采摘真菌和踏入长有真菌的土地时，各国的法律规定各不相同。有些菌类受到法律保护，因为它们极为稀有，绝对不允许采摘或伤害；另一些则被归类为非法药物，受到与非法药物相同的对待。在某些地区，没有适当的许可证就不可以采摘真菌，而且采摘的数量也有限制。采摘真菌者有责任遵守法律。

通常最好让真菌顺其自然生长，但若想识别一种真菌，往往需要收集它的标本（见第166~167页）。如果你需要这样做，请记住这些通用的建议。

• 从土地所有者或场地管理者处获得许可

• 许多人喜爱真菌的自然之美，所以尽量把它们留下，也让别人欣赏到

• 真菌为许多无脊椎动物提供食物和栖息地，所以尽量少摘

• 尽量减少对周围栖息地的破坏，包括植被、土壤和落叶

• 不要破坏或收集木材

• 不要采摘或破坏不常见的、稀有的、记录在濒危物种红色名录上的品种，不要非法收集与拥有这些品种

---

❶ 中国颁布有《食用菌菌种管理办法》《野生菌保护利用管理办法》，请了解相关法律法规及管理办法，依法采摘。——编者注

鬼笔状钉灰包
Battarrea phalloides

这种罕见的分解者真菌在全世界的干燥沙土中广泛分布，但种群数量较少且分布比较分散。

桃红黄肉牛肝菌
Butyriboletus regius

桃红黄肉牛肝菌是一种罕见的菌根菌种，在欧洲分布广泛，但北欧无该菌种。它已被列入16个欧洲国家的濒危物种红色名录。

用于科研

- 只采摘够识别真菌所需的最小量。
- 准确地记录真菌发现地的细节，这样有助于其他人研究使用（见第166~167页）。
- 将调查结果和有趣的发现报告发给土地所有者或管理者。
- 将调查结果存入地方和国家数据库，并保留参考或"凭证"样本。

　　有些真菌在野外很容易识别和欣赏，但如果你想将真菌识别技能提升到更高水平，需要收集更多样本并进行仔细观察。这一过程中通常需要使用显微镜，有时还要进行简单的化学测试。

收集真菌标本

　　观察真菌时最好立刻记下基本信息，这样你就可以追踪有趣的发现。真菌的特征可能在你采摘后的几个小时内就发生变化，因此要从不同角度拍照（见第168~169页），然后记录：

- 发现真菌的确切日期和地点（最好带有地理坐标）
- 常见的真菌栖息地，如针叶林、花园草坪或沼泽地等
- 其上或其下生长着真菌的各种物质种类，例如活的植物物种、掉落的山毛榉树枝或已枯死的橡树树枝等
- 附近的任何其他植被。请记住，树根延伸范围很大，因此可能并非所有在树木根部结实的菌根真菌都是树木的共生伙伴
- 是以丛、块、组、小群或环状形式出现，还是孤立的个体

收集标本时，要小心仔细，并记录进一步的细节：

· 用抹刀或小铲子小心地取出标本，包括菌柄的基部和菌柄在地下的所有延伸部分

· 随时观察可能改变或消失的明显特征，例如独特的气味、多毛的菌盖、颜色或因遭到损坏而流出的汁液

· 如果有足够多的子实体，收集一个未成熟的和一两个成熟的

· 从檐状菌上切一块楔子状标本，而不是取下整个子实体

· 如果没有时间仔细研究，就不要收集过多标本

· 将标本装入密封的硬质容器中（它们会在塑料袋中迅速碎裂）

· 将不同物种的标本分开存放，以免混淆

库恩菇

Kuehneromyces mutabilis

一种成簇生长于树桩和其他阔叶树上的分解者。库恩菇有贴生而密集的菌褶、参差不齐的菌环，菌环以下为鳞状菌柄。

保存子实体

标本可以在冰箱里保存数日，不过可不要与食物一起存放，并在标本上注明"不可食用"，避免任何误食中毒的风险。也可以在40℃下轻微干燥后储存在结实的纸信封或小包装袋里，存放在干燥的地方。这些在科学界称为凭证，它们很重要，以备将来有人对它们感兴趣。干燥檐状菌的较大部分可以储存在纸箱里，但是它们有被穴居昆虫叮咬的风险，所以你可能需要使用驱虫或驱蛾剂。将孢子印（见第172~173页）与干燥的子实体一起储存，以帮助识别。

如果你想识别和记录发现的真菌，最好拍下照片作为参考。遵循如下几个关键原则会帮助你最大限度地利用拍摄的照片。

拍摄真菌

1.

200毫米微距镜头的中档数码单反（DSLR）相机能够捕捉到大量细节可供参考的照片。许多智能手机也配备了高清镜头，可以拍摄出细节丰富的出色照片。

2.

小型三脚架或相机豆袋可以防止相机抖动，这样你就可以使用小光圈和长时间曝光获得更大的景深。

3.

在阴天或光线朦胧时，非直射的自然光最适合拍摄。阳光强烈时，可能需要为子实体遮阳，比如用身体遮挡。你可以用闪光灯或一张白纸作为临时反光板，照亮菌盖的底面，显示菌褶的细节。

4.

要想拍摄一组子实体的最佳图像，可以使用F8光圈或焦点合成，这就需要使用三脚架，有时还需要遥控器。浅景深适合拍摄单个子实体。图像处理软件可以帮助提高照片清晰度和对比度。

5.

除了子实体的特写以外，拍一些显示真菌栖息地的背景照片也很有用。

6.

清除掉任何遮挡子实体的碎屑和植被。

7.

仅从上方拍一张照片还不够，要从不同的视角拍摄照片。例如，你还需要拍摄菌柄和菌孔的特征。

8.

拍摄地面上的子实体时，尽量将身体放低。

如果用智能手机拍照，可以考虑加一个特写镜头配件。

9.

如果你要在檐状菌上切下一个楔子状标本进行鉴定，可以拍下切面，便于捕捉菌管和菌肉。

10.

真菌埋藏在地下的部分、在植被或在低矮的子实体上沉积的孢子、渗出物（渗漏出的液体）、真菌受损时发生的变化、生长的不同阶段以及附近其他同种子实体，都值得被拍摄下来，对显示它的变异性非常有用。

11.

拍照子实体时，尽可能辅以尺子之类的标尺，以便测量。使用已知长度的物体，如一支特定的笔等也可以达到相同效果。

　　如果你想识别找到的蘑菇，第一步就是观察蘑菇的菌盖和菌柄。关键线索包括颜色、形状和质地等。

识菌：菌盖和菌柄

　　识别真菌时，菌盖和菌柄的外观和质地可以为你指明方向。此外，其他需要注意的特征包括：孢子（见第172～173页）、细胞（见第176～177页）和组织（见第174～175页）以及它们形成的位置。

万寿菊色小皮伞
Marasmius tageticolor

万寿菊色小皮伞常见于中美洲和南美洲，菌盖呈伞状，直径约10～17毫米，有鲜明的红色、白色或米色条纹，有红色到暗棕色的光滑细菌柄支撑，高3～4厘米。

菌盖

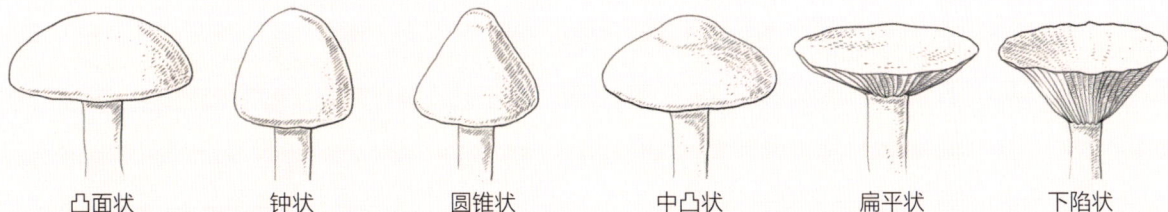

凸面状　　　钟状　　　圆锥状　　　　中凸状　　　扁平状　　　下陷状

表面颜色： 使用标准比色图表（colour chart，见第286页网络资源）。颜色范围从白色或灰色到粉色和红色再到黑色；棕色最常见；蓝色或淡紫色不常见；绿色最稀有。菌盖可以有多种颜色，颜色可随着时间的推移而变化，有时潮湿的环境下菌盖颜色更深。

形状： 新生的和成熟的菌盖形状各不相同（见上图）。最常见的是凸面状、钟状、圆锥状、扁平状和下陷状。还要注意菌盖中央是否有一个突起（壳顶）。

表面： 它的表面是什么样子的？是光滑的还是裂开的？是布满粉末、鳞状、有光泽、多毛、天鹅绒般还是羊毛般的？是干燥、黏手、油腻，还是像果冻一样的？

剥开表皮： 观察菌盖的外皮（表层皮肤）。有的可以剥落至中间，有的只能剥落一小段距离。这一特征区分出一些物种，尤其是红菇属（*Russula*）。

菌盖边缘： 菌盖的边缘（即外缘）可以是光滑的、完整的，也可以是不规则的形状，甚至有几处裂开。

菌肉： 菌盖内部组织是辨认真菌的另一个重要因素。需要注意的特征包括：从菌盖顶部到露出菌褶的部位的厚度；颜色，特别是菌盖被切割或折断时的颜色变化和被切割或折断时流出的液体的颜色 [（如乳菇属（*Lactarius*）和小菇属（*Mycena*）]；气味。

菌柄

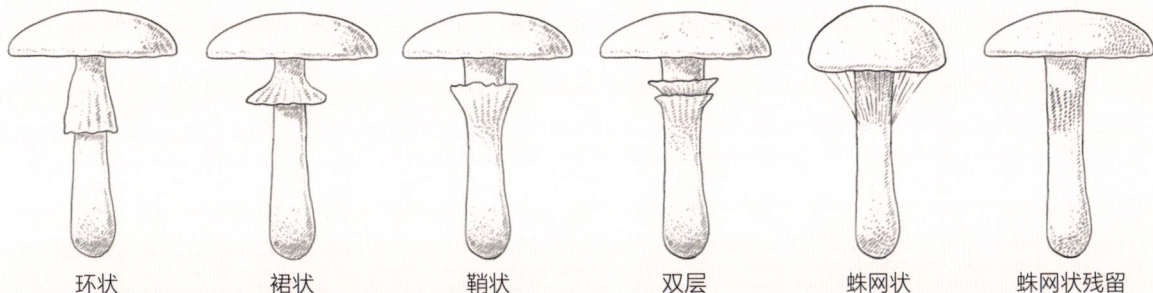

环状　　　裙状　　　鞘状　　　　双层　　　蛛网状　　　蛛网状残留

附着在菌盖上： 在大多数蘑菇中，菌柄着生在菌盖的下方中央。在少数种类中，菌柄偏离中心（偏生）或位于菌盖下方的侧面（侧生）。

形状： 大多数菌柄呈圆柱形，但也有少数菌柄略扁平或有沟槽，或呈略微上粗下细或上细下粗的锥形，或棒状，或基部膨大呈球形（见第50～51页）。它们有实心的，有中空的，也有部分实心的。

颜色和质地： 许多适用于菌盖的特性对菌柄也很重要，但你也应该注意凹槽、皱褶和韧性——例如它是软木质的、纤维质的还是皮革质的。

菌环： 在子实体幼期保护菌褶的内菌幕残留物（见第50～51页），常常在菌柄上留下各式各样的明显环状结构：有下垂的环状、向下张开的裙状、向上包裹的鞘状，偶尔是双重菌环或蜘蛛网状的菌环。有时，菌环与菌柄松散地相连，被称为活动环。内菌幕的一部分可以像鳞片一样留在菌盖上，或者附着在菌盖的外缘上。

菌托： 在长有外菌幕的地方，外菌幕的剩余部分包裹着菌柄的基部，外菌幕的部分突出，形成一个松散的袋子（自由菌托），或紧密地附着在一起（附着菌托）。

孢子不仅是真菌传播的主要途径，同时也能帮助我们识别真菌。观察它们的颜色一点也不难，但要想观察它们的形状和测量它们的大小则需要借助显微镜。

识菌：孢子和孢子印

制作孢子印

从菌柄的顶部剪下新鲜、成熟但不太老的子实体的菌盖。将带有菌褶或菌孔的一面朝下放在一张卡片上。理想情况下，卡片的一半是白色的，另一半是黑色的，这样无论颜色如何，孢子印都能显示出来。用杯子或盘子盖住子实体，防止气流干扰孢子。一定要确认是否适合采集标本，并小心处理（见第166~167页）。

孢子颜色

相同种类的所有子实体都有相同颜色的孢子。在同一属的不同物种中，孢子颜色通常相同，但在某些属中，颜色是不同的，比如暗皮伞属（*Flammulaster*）和俗称脆褶的红菇属（*Russula*），所以颜色对真菌的识别很重要。对颜色的描述容易产生主观判断，所以参考标准比色图表会很有帮助（见第286页）。

当孢子大量落在植被或其他子实体上时，我们可以很容易地分辨出孢子的颜色。然而如果你想进一步调查，就有必要制作孢子印。这既能显示孢子的颜色，又能显示菌褶的图案，而且通常非常引人注目。一定要把孢子印刮成一小堆，放在透明玻璃上，在白天判断颜色。

孢子的大小和形状

孢子的大小、形状和表面纹饰（如疣）因真菌种类不同而异，这使它们成为识别真菌的关键微观特征。你需要一台能放大150倍的显微镜。经验丰富的真菌学家使用特殊的染色剂确定孢子是否含有淀粉（淀粉样蛋白），这也有助于鉴定真菌种类。

孢子印

孢子从菌褶中掉落，大量落在卡片上，形成一个孢子印。孢子产生的图案复制了菌盖底部的菌褶形成的图案。

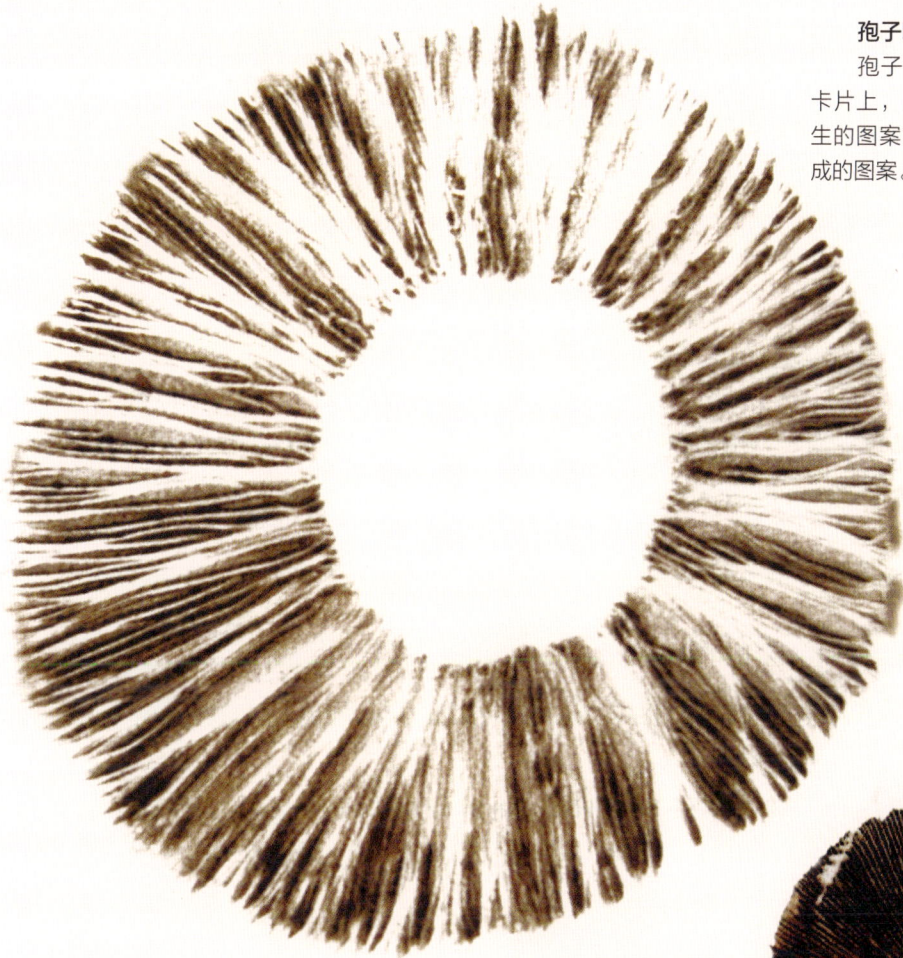

彩色孢子印痕

蘑菇孢子有很多种颜色，从奶白色、粉色到紫棕色和黑色。孢子和产生它们的菌褶不一定颜色相同。

菌孔

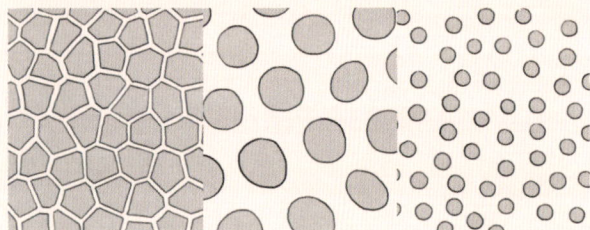

角状   大圆状   小圆状

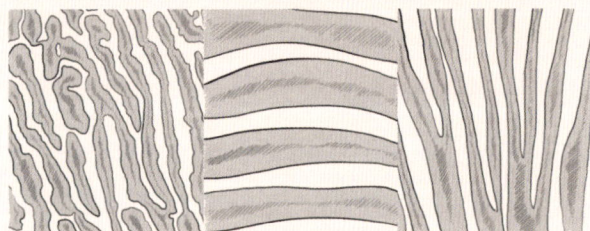

皱孔状   同心圆菌褶状   细长菌褶状

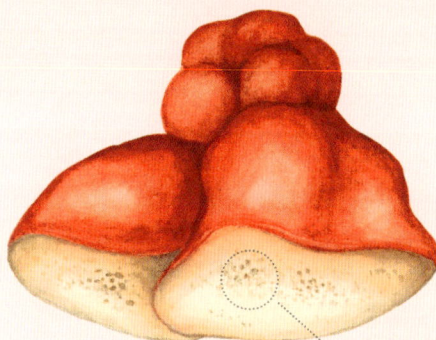

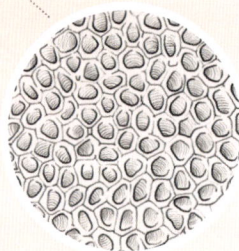

肝色牛排菌
Fistulina hepatica

这种真菌的孢子（见第47页）产生于菌管壁的细胞，菌管看起来像子实体底部的小孔。檐状菌的菌孔或菌管的形状和大小各不相同。有些甚至是弯曲的，看起来像菌褶。

菌孔特写

菌褶

贴生   附生   离生

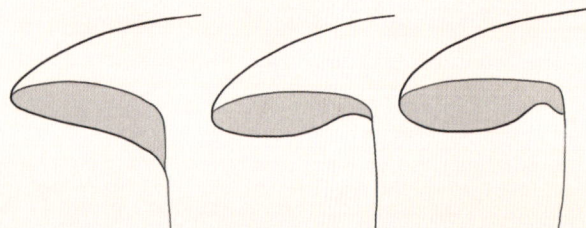

延生   弯生   凹生

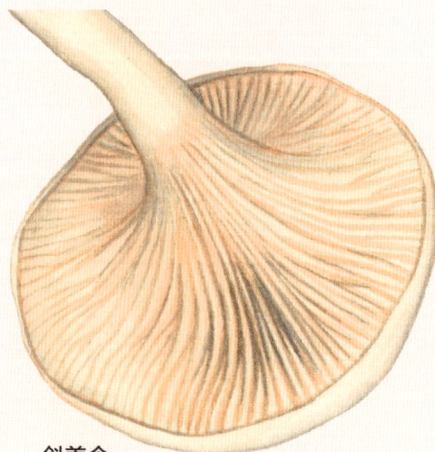

斜盖伞
Clitopilus prunulus

斜盖伞因具有粉状气味而通常被称为磨坊主，它的子实体有深深向下延伸的延生菌褶，菌褶最初是白色，但随着真菌逐渐成熟而变成粉红色。

识别真菌时，子实体下侧的菌褶和菌孔是重要的线索。菌盖上的菌丝也是关键特征，但你需要用显微镜才能看到它们。

识菌：菌褶、菌孔和菌丝

菌褶和菌孔

一些蘑菇菌盖下的棱或菌褶可能提供很多信息。首先，检查它们是否附着在菌柄上以及它们之间的距离有多近。其次，颜色是另一个重要的识别特征：一些真菌的菌褶会随着成熟而改变颜色，而其他属种的菌褶则有不同颜色的边缘。菌褶的边缘也可以是光滑的、波浪状的或齿状的——这些都有助于识别真菌。最后，一些蘑菇的菌褶会消失，比如鬼伞属（*Coprinus*）、拟鬼伞属（*Coprinopsis*）、小鬼伞属（*Coprinellus*）和近地伞属（*Parasola*）的许多物种的菌褶在成熟时会化为液体。还有一些蘑菇没有菌褶，而是有管状结构，在菌盖下露出菌孔。观察管状结构的长度（从菌盖上切下的楔状样本中可以显露出来）和颜色、每毫米长度的菌孔数量、菌孔的形状（圆形还是角状），观察它们是肉眼可见还是需要用手持放大镜才能看到。檐状菌和扁平子实体的菌孔大小和形状范围要广泛得多，包括细长菌褶状或迷宫状。

菌丝

檐状菌和结皮菌的菌丝有三种主要类型：骨架菌丝，壁厚、没有隔膜；分枝较多的结合型菌丝，壁厚、没有隔膜；能够产生这两种菌丝的生殖菌丝。仅具有生殖菌丝的子实体被称为单系菌丝型，具有生殖菌丝和另一种菌丝的子实体被称为双系菌丝型，有三种菌丝的子实体被称为三系菌丝型。

识别真菌时，用肉眼或手持放大镜可以看到的子实体特征是很好的线索。然而，要想正确识别真菌的种类，通常还需要观察生殖表层的微观细节。

识菌：观察细胞

生殖层或可育层（子实层）——如菌褶、菌管或壳状和杯状子实体的表面——包含产生孢子的细胞和不产生孢子的细胞。仔细观察不产生孢子的细胞也会对识别真菌有所帮助。如果存在锁状联合（见第44~45页），则肯定是担子菌。为了看到这些特征，你需要在真菌生殖层上切下非常薄的一部分，然后用显微镜观察。

产生孢子的细胞

在担子菌中，孢子（通常是4个）由被称为担子的细胞产生并携带（见右页示例）。一些少见的孢子数量（2个、6个或10个）以及胶质菌中担子的形状都有助于鉴别真菌种类。

在子囊菌中，孢子位于子囊中，子囊通常呈圆柱形，但有些子囊呈球形。重要特征包括：孢子的数量（通常为8个）；孢子是否呈直线排列；子囊（含孢子的囊）是单壁还是双壁；孢子是否通过带盖（囊盖）的孔释放。

不产生孢子的细胞

在子实体中，产生孢子的细胞有时会夹杂一些独特的不产生孢子的细胞。在担子菌中，这些细胞（称为囊状体）的形状和大小因种类而异。

有的呈球形或圆柱形，有的呈瓶状或棒状（见下图示例）；有些壁厚，有些壁薄；有的有横壁，有的无横壁；有些突出在孢子细胞之外，类似于小刺，甚至可以用手持放大镜看到。

在子囊菌中，不产生孢子的细胞（称为侧丝）也有不同的形态和内容物。这些突起的细胞有时会突出生长在含有孢子的细胞上，形成一层保护层，或者分泌蜡状的保护物质。野外指南和图鉴会标出这些具有显著特征的真菌。

担子的形状

不同种类的担子菌的产孢细胞（担子）具有不同的形态特征：（A）马勃目、(B)伞菌目、(C)胶膜菌目、(D)音叉形的花耳目、(E)银耳目、(F)具有横隔的木耳目。

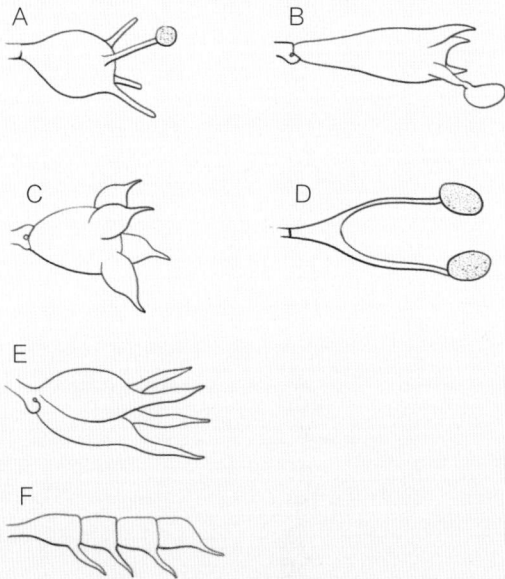

囊状体的形状（不产生孢子的细胞）

囊状体是在子实体可育层中发现的不产生孢子的细胞（此处未显示为同一比例）。它们的形状不一，是有用的识别特征。

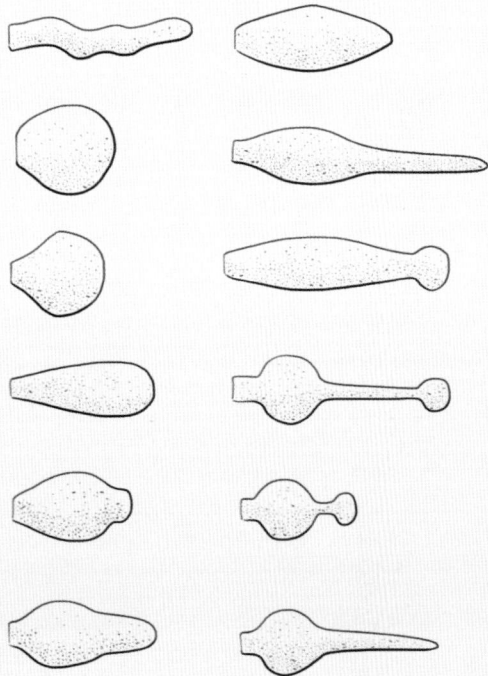

鸡油菌
Cantharellus cibarius

鸡油菌没有菌褶，但菌盖的底部有脉络或皱纹。然而，它们很容易被误认为是有毒的橄榄类脐菇和有毒的假鸡油菌（*Hygrophoropsis aurartiaca*）。

橄榄类脐菇
Omphalotus olearius

这种真菌有橙黄色到黄棕色的菌盖，卷曲的边缘，深深向下延伸的亮黄色菌褶。这种真菌毒性极强，分布于欧洲中部和南部以及北美，在夏末和初秋成熟。

进化中的问题解决方案

在一个叫作趋同进化的过程中，不相关的物种进化出了相似的特征。当物种必须应对环境中类似的问题，或者需要执行类似的任务时，它们有时会进化出类似的解决方案，这一现象发生在所有的生命领域。例如，中生代的鱼类、海洋哺乳动物，以及现已灭绝的鱼龙都进化出了流线型的体型。

有些物种看起来非常相似，至少乍一看是这样。但觅食者要小心：真菌王国有很多危险，它们中间有的可是有二重身。

危险的二重身

有些真菌外表相似，因为它们的亲缘关系很近，有许多共同的特征。一个典型的例子是硫色炮孔菌（*Laetiporus sulphureus*）。由于炮孔菌的子实体大多长在立木上（见第131页），这种真菌曾被认为是一个单一的物种，但基因测序表明，至少存在11个与它亲缘关系非常密切但不同的物种，通常很难仅根据子实体特征区分。另一方面，其他看起来相似的真菌并不一定亲缘关系很近。例如，许多小的棕色子实体通常只是被认定为"棕色小蘑菇"，除非有人对研究它们的生物特征特别感兴趣。

外表有时具有欺骗性，真菌的二重身可能极其危险，因为一些有毒真菌看起来与可食用真菌非常相似（见左页）。有些真菌有致命毒性，因此永远不要吃生长在野外的真菌，除非你百分之百确定它是一种可食用的真菌。要知道，即使是有多年经验的专家也会栽跟头。

鳞柄白鹅膏
Amanita virosa

子实体： 这种致命的有毒真菌也被称作破坏天使，它的基部有独特的菌托（见第50～51页），菌柄较高处有一个菌环。菌盖上很少看到菌幕的残余物。菌褶呈白色，离生，且密集排列。

尺寸： 菌盖直径5～10厘米。菌柄高9～15厘米、宽0.5～2厘米。

孢子： 球形，含有淀粉，产生白色孢子印。

栖息地与生态： 这种菌根真菌与针叶树和阔叶树的根生长在一起。子实体通常在夏天和秋末出现。

分布： 在北半球广泛分布，常见。

伞菌

　　伞菌属于担子菌，这类真菌的菌盖下通常有菌柄和垂直的菌褶，它们还可以细分为其他类群。菌褶附着在菌柄上的方式是识别伞菌的关键信息。在许多伞菌中，菌褶在子实体发育过程中受到一层到两层菌幕的保护，菌幕在成熟的子实体的菌柄上留下残余物（见第50~51页），但是有些伞菌的菌褶没有任何保护。孢子的颜色是伞菌的另一个重要识别特征，不同种类的孢子有不同的颜色，从白色、奶油色、黄色到棕色、黑色，甚至是更为罕见的淡紫色或绿色。伞菌遍布全球，仅在温带欧洲就有3000多个物种，因此这一类群同时包括分解者、菌根真菌和植物病原体也就不足为奇了。

蓝绿阿瑞尼亚菇
Arrhenia chlorocyanea

子实体： 蓝绿阿瑞尼亚菇有一个小小的、介于蓝绿色到蓝色的漏斗形菌盖，有非常长的、介于白色到灰色的菌褶，菌褶深深向下延伸（见第174页）。

尺寸： 菌盖直径0.5~2厘米。菌柄高0.75~2.5厘米。

孢子： 圆柱形至椭球形，产生白色孢子印。

栖息地与生态： 这种腐生菌生长在受干扰的沙质或砾石质土壤中，土壤上生长苔藓、地衣，偶尔也有苔类植物。子实体全年可见，特别是3月至4月，会以单体或小群体的形式出现。

分布： 常见于欧洲，在北美洲部分地区也有发现。

烟云杯伞
Clitocybe nebularis

子实体： 这种大型肉质的蘑菇具有凸面状菌盖，成熟后菌盖呈漏斗状，边缘稍微向内卷曲，菌褶略微向下延伸（见第174页）。成熟的子实体可能会被立起小包脚菇（*Volvariella surrecta*）寄生。

尺寸： 菌盖直径5~25厘米。菌柄高6~12厘米、宽2~3厘米。

孢子： 椭球状，表面光滑，会形成乳白色的孢子印。

栖息地与生态： 这种真菌是落叶的分解者，通常出现在阔叶林和针叶林的凋落叶中，常以大型环状或弧状的形式出现（见第136页）。子实体从夏末到初冬都会出现。

分布： 广泛分布于欧洲和北美洲。

鹊拟鬼伞

Coprinopsis picacea

　　子实体：年轻的子实体有一种难闻的气味。白色的菌褶密集排列，离生或贴生（见第174页）。但菌褶会随着年龄的增长而液化成黑色液体。

　　尺寸：菌盖直径3～7厘米。菌柄高7～12厘米、宽0.5～1.5厘米。

　　孢子：光滑，黑色，椭球状。

　　栖息地与生态：这种腐生菌经常出现在阔叶林地中，但也会出现在碱性土壤上有木屑的荫蔽草地中。子实体在春末至秋末间出现。

　　分布：分布广泛，在欧洲和北美洲很常见。

鹦鹉湿果伞

Gliophorus psittacinus

　　子实体：菌褶厚，蜡质，间距宽，菌褶与菌柄连接处较细（附生，见第174页），靠近菌柄的地方最初较绿，随着子实体成熟逐渐褪为淡黄色。

　　尺寸：菌盖直径2～4厘米。菌柄高4～6厘米、宽4～8毫米。

　　孢子：椭球状，光滑，产生白色的孢子印。

　　栖息地与生态：鹦鹉湿果伞以小群形式出现在未施肥的草地、草坪、墓地、路边草丛边缘和林地空地上。子实体在夏季出现，持续到初冬。

　　分布：广泛见于欧洲、北美洲、中美洲和日本。

根粘滑菇

Hebeloma radicosum

子实体：子实体具有独特的杏仁气味。它的菌褶（见第174页）密集排列，菌褶从附生到离生，颜色呈奶油色到红棕色，未成熟时被部分菌幕覆盖。菌柄向基部逐渐变细，并向地下延伸到食物来源处，菌柄有一个膜状的茸毛环。

尺寸：菌盖直径5~10厘米。菌柄高7~12厘米。

孢子：椭球状到杏仁状，有些呈疣状，产生深棕色的孢子印。

栖息地与生态：这种真菌又称为长根滑锈伞，通常发现于针叶树的树桩附近，与小型哺乳动物的地下厕所有关联。子实体从初夏到秋末持续出现。

分布：分布区域广泛，但欧洲和北美洲不常见。

松乳菇

Lactarius deliciosus

子实体：菌盖最初呈凸面状，边缘向内卷曲，随着年龄的增长而变平，中心呈下陷状，外观几乎像花瓶一样，有不规则的绿色斑纹。切开后，菌褶会渗出一种明亮的橙色乳汁，偶尔会变得更红。菌柄中空。

尺寸：菌盖直径6~20厘米。菌柄高5~8厘米、宽1.5~2厘米。

孢子：呈椭球形，有棱，产生淡粉色或米色的孢子印。

栖息地与生态：松乳菇是松树的外生菌根。子实体出现在夏末到秋季。

分布：广泛分布于欧洲，并被引入其他国家。

高大环柄菇
Macrolepiota procera

　　子实体：菌盖最初是球形，随着成熟逐渐变得扁平，菌盖上有呈同心圆状排列的棕色鳞片和深褐色的壳顶。它的菌柄上有一个很大的双边菌环。菌褶（见第174页）是离生的，密集排列，颜色呈白色或奶油色，有时带有粉红色。

　　尺寸：菌盖直径10～25厘米。菌柄高30厘米、宽1～1.5厘米。

　　孢子：椭球形，光滑，壁厚，产生乳白色孢子印。

　　栖息地与生态：草原上的分解者，子实体出现在夏季至秋末。

　　分布：分布广泛，常见于温带的欧洲和北美洲。

血红小菇
Mycena haematopus

　　子实体：菌盖有微弱的生物发光，菌褶贴生（见第174页），呈白色。菌盖和菌柄都是中空的，受伤时会流出棕红色的"乳液"。许多小菇属（*Mycena*）都纤细而脆弱，但这个物种要大得多。

　　尺寸：菌盖直径1～4厘米。菌柄高10厘米、宽2～3毫米。

　　孢子：椭球状，含有淀粉，形成白色的孢子印。

　　栖息地与生态：生长在阔叶树的大型枯木上的一种腐生菌，子实体成小群或簇状生长，出现在夏末至冬季。

　　分布：分布广泛，常见于欧洲、北美洲和日本。

蝶形斑褶菇

Panaeolus papilionaceus

子实体： 菌盖呈圆顶形或钟形，不会变平。在菌盖边缘有苍白的齿状突起。菌褶贴生（见第174页），呈浅灰棕色，边缘呈白色，随着年龄的增长而变黑。

尺寸： 菌盖直径2～4厘米。菌柄高6～12厘米。

孢子： 柠檬形，光滑，不透明，产生黑色孢子印。

栖息地与生态： 生长于草地的粪便上以及施肥状态良好的土壤上。子实体出现在春季到初冬。

分布： 广泛分布，在欧洲和北美洲很常见。在其他大陆偶有记载。

卷边桩菇

Paxillus involutus

子实体： 子实体有致命毒性。苍白的菌褶很容易从菌盖的肉质上脱落。菌褶和菌柄会随着年龄增长或受损而呈锈褐色。

尺寸： 菌盖直径5～12厘米。菌柄高6～12厘米，宽0.8～1.2厘米。

孢子： 椭球形，光滑，产生从黄褐色到橄榄灰色的孢子印。

栖息地与生态： 这种外生菌根真菌生长在阔叶树和针叶树上，特别是在贫瘠的酸性土壤上。子实体出现在夏季到秋季。

分布： 广泛分布，在欧洲和北美洲很常见。在其他大陆偶有记载。

翘鳞伞
Pholiota squarrosa

子实体： 这些大型子实体有干燥的菌盖，成簇生长，是红松鼠的重要食物。菌褶密集排列，贴生（见第174页），最初呈黄色，然后变成锈褐色。

尺寸： 菌盖直径2~16厘米。菌柄高4~12厘米、宽可达1.5厘米。

孢子： 豆状孢子，产生褐色孢子印。有时容易与蜜环菌（*Armillaria*）混淆，但蜜环菌的孢子印为白色。

栖息地与生态： 这种木腐菌在阔叶树的树干和树桩的基部和较高处结实，有时也会在针叶树上结实，导致白腐病。子实体出现在夏末到冬季。

分布： 在欧洲和北美洲很常见。

掌状玫耳
Rhodotus palmatus

子实体： 菌盖呈玫瑰色，边缘向内卷曲，成熟后呈桃红色，变平坦。菌褶直生（见第174页）。

尺寸： 菌盖直径5~10厘米。菌柄高3~7厘米，宽1~1.5厘米。

孢子： 呈球形，被细小疣体覆盖，产生淡粉色孢子印。

栖息地与生态： 掌状玫耳是枯树干和枯枝的分解者，尤其是榆树和山毛榉的。子实体出现在夏末和秋天。

分布： 分布于欧洲和北美洲东部，因荷兰榆树病（见第78~79页）导致榆树数量减少，掌状玫耳现在已经很罕见。

猴头菇
Hericium erinaceus

子实体： 子实体呈白色到奶油色，大致呈球形。它们的菌刺从同一个地方生出，向下悬垂。

尺寸： 直径可达30厘米。

孢子： 大致呈椭球形或稍圆形，含有淀粉，产生白色孢子印。

栖息地与生态： 这是一种木腐菌，会导致山毛榉的活立木、枯木和倒木以及不太常见的橡树患上白腐病。子实体每年出现在夏末到初冬。

分布： 在北美洲、欧洲和亚洲部分地区有所分布，广泛分布在欧洲大部分地区，却很少见。

有菌孔、菌刺或脉络的
肉质担子菌

外观与牛肝菌类似的真菌

这一类群的真菌都是近亲，尽管有些近亲的形态不同。它们的菌盖下面长着菌管，而不是菌褶，这些菌管通常很容易从菌盖的肉上脱落。菌管的颜色、菌盖的表面，以及受损时颜色的变化都是识别它们的重要特征。它们的孢子通常是棕色的，在菌管的内壁上产生。少数寄生在其他真菌上（见第102～103页），但大多数与树木的根形成外生菌根伙伴关系（见第60～61页），并且通常对树种有选择性。

漏斗形，底部光滑或有脉络

鸡油菌和与之类似的真菌的子实体有柄，肉质，呈漏斗形，大部分上表面在漏斗内，而产生孢子的菌盖的下表面在漏斗外。与其他漏斗状的子实体不同，孢子在脉络上形成，而非菌褶上，这两者很容易混淆，一旦混淆，就可能会导致致命后果（见第178～179页）。它们大多数与树根形成菌根伙伴关系，但也有少数是分解者。

齿菌

齿菌底部有刺状或齿状结构，孢子在该结构上产生。该类群的亲缘关系通常并不密切，但却和其他子实体类群有亲缘关系。一些是木腐菌，而另一些则与树根形成菌根伙伴关系。有些结皮菌也有齿状结构（见第196～197页）。

褐疣柄牛肝菌
Leccinum scabrum

子实体：菌盖呈黏土色到浅黄色。最初呈毡状，成熟后变得光滑。浅色的菌柄上有灰褐色或黑色的鳞片。

尺寸：菌盖直径5~15厘米。菌柄高7~20厘米、宽2~3厘米。菌管长1~2厘米。

孢子：椭球形到纺锤形，产生橄榄棕色孢子印。

栖息地与生态：它与桦树形成菌根伙伴关系。子实体出现在春末到秋末。

分布：广泛分布，常见于北半球。

喇叭菌
Craterellus cornucopioides

子实体：这种漏斗形真菌的外层呈灰色，略带粉状，有几乎光滑的外层，在菌柄上有竖直向下的细微脉络（相当于其他蘑菇上的菌褶）。

尺寸：菌盖直径4~8厘米。

孢子：椭球形，光滑，形成白色孢子印。

栖息地与生态：它常与山毛榉的根——有时也与其他树木——形成菌根伙伴关系。子实体出现在夏季到秋末，如果是较温暖的地方甚至在新年时也会出现。

分布：分布于欧洲、北美洲、亚洲部分地区和澳大利亚东南部，在地理上分布广泛，但通常只在局部地区出现，且往往数量非常多。

黑栓齿菌

Phellodon niger

子实体：这种齿菌可产生粗糙、扁平的子实体，通常有较浅的凹陷。下表面有蓝灰色的菌刺，最长可达3毫米。

尺寸：菌盖直径3~8厘米。菌柄高2~5厘米、宽1~2厘米。

孢子：椭球形到更圆，有微小的菌刺（约0.5微米），产生白色的孢子印。

栖息地与生态：它与针叶树的根形成菌根伙伴关系。在北欧，子实体出现在夏季到秋末，但在南方持续时间更长。

分布：分布广泛，但在欧洲、北美洲东部、中美洲、日本和澳大利亚东南部罕见。

鳞蜡孔菌

Cerioporus squamosus

　　子实体：菌盖独立，都有短且宽的菌柄，通常重叠成簇生长，闻起来像西瓜。下表面呈白色至奶油色，有管状的不规则椭圆形菌孔，宽1~2毫米。

　　尺寸：菌盖直径8~30厘米。菌柄最高可至5厘米、最宽可至4厘米。

　　孢子：光滑，椭球状，形成白色孢子印。

　　栖息地与生态：鳞蜡孔菌导致存活和死亡的阔叶树心材以及树桩和大型原木感染白腐病。子实体出现在春天到秋末。

　　分布：分布广泛，在欧洲、亚洲和北美洲很常见。

多孔菌

　　到目前为止，科学界已经发现了1000多种多孔菌。它们都属于担子菌门，但不是所有的多孔菌都有密切的亲缘关系。它们大多数是一年生的，但也有些是多年生。一年生多孔菌可根据它们是否有菌柄、是否成簇生长、是否完全扁平（倒置）或者是否具有柔软或坚韧但不硬的檐状结构来判断，其中一些会产生多层檐状结构，从而分成四个略有重叠的组。在所有的多孔菌中，孢子都是在向下的菌管中形成的。菌管的口（称为菌孔）或呈圆形，或呈椭圆形，或类似迷宫，或长而窄，类似于菌褶，因物种不同而有所区分（见第174～175页）。几乎所有形成多孔子实体的真菌都是木腐菌，能产生白腐或褐腐现象。目前人们正在研究其中几种多孔菌可能具有的药用价值。

栎迷孔菌
Daedalea quercina

子实体： 这种硬质的栎迷孔菌的名字灵感来自它的菌孔，菌孔看起来像一个由厚菌褶形成的迷宫，有1~3厘米深。它是三系菌丝型，意味着子实体由三种不同类型的菌丝组成（见第175页）。

尺寸： 菌盖直径6~20厘米、厚2~5厘米。

孢子： 从夏末到秋季脱落，形成一个白色的孢子印。

栖息地与生态： 栎迷孔菌可引起褐腐病（见第120~121页）。它们主要生长在倒木及橡树或甜栗树的树桩上。一年四季都能看到子实体。

分布： 广泛分布于欧洲、西亚和北美。

栗褐暗孔菌
Phaeolus schweinitzii

子实体：这些覆瓦状真菌生长在草叶等植被周围，可以看到草叶从子实体中探出来。管状层幼时呈黄绿色，成熟后呈红褐色。

尺寸：菌盖直径15~25厘米、2~5厘米厚。菌柄高度小于6厘米、宽3~5厘米。

孢子：椭球形，光滑，不含淀粉，产生白色到淡黄色的孢子印。

栖息地与生态：这种真菌又名施魏暗孔菌，会引起木材褐腐病。它通常生长在存活或枯死的针叶树根或树干基部。子实体在夏秋两季更为常见。

分布：分布广泛，常见。原产于欧洲、亚洲、北美洲，但已引进到南非、澳大利亚和新西兰。

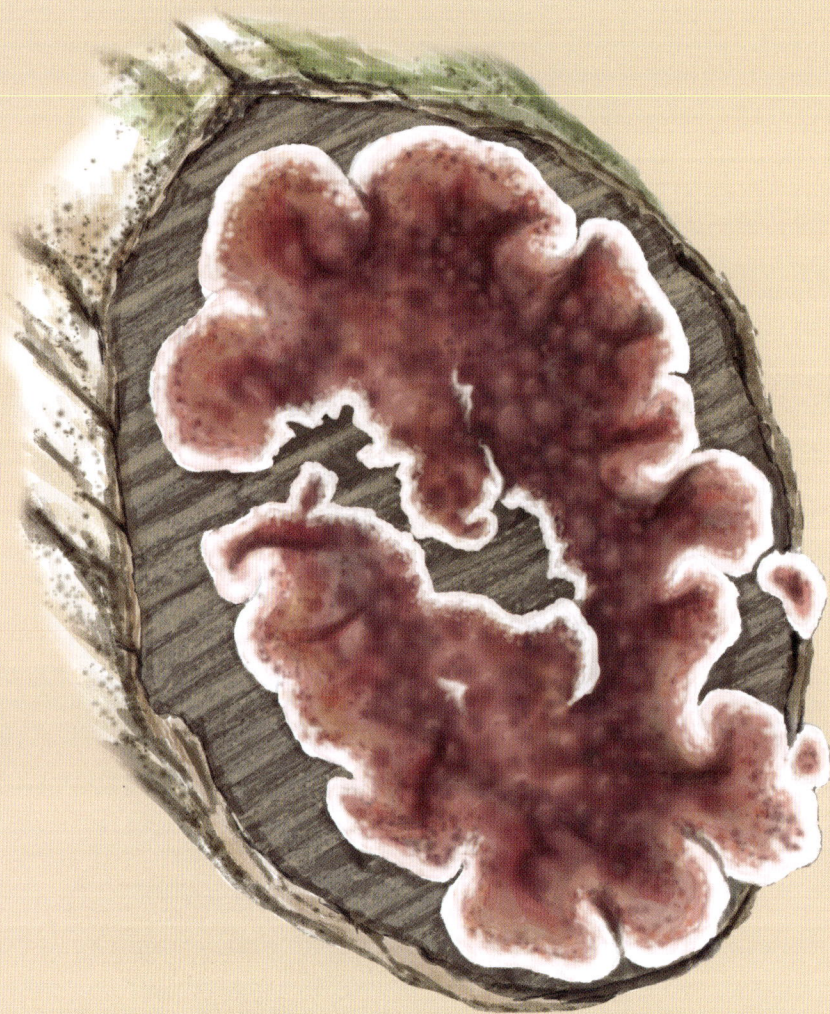

紫小韧革菌
Chondrostereum purpureum

　　子实体： 紫小韧革菌的结皮呈紫色，光滑，如果有一个小小的檐状菌盖，则菌盖上表面呈浅灰色，有毛。虽然新鲜标本很难被错认，但老的子实体会褪色，看起来与其他物种相似。在显微镜下，纺锤形囊状体（见第176～177页）从孢子层中伸出。

　　尺寸： 结皮斑块通常宽3～4厘米，但它们可以合并形成更大的斑块。

　　孢子： 呈圆柱形，末端为圆形，孢子不含淀粉。

　　栖息地与生态： 紫小韧革菌生长在许多阔叶树上，会引起通常致命的银叶病，偏爱生长在樱桃树和李树上。子实体一年四季都可见。

　　分布： 分布广泛，常见于北半球、澳大利亚东部和新西兰。

结皮菌

　　担子菌会形成结皮状子实体。在欧洲温带地区大约有500种已命名的物种，其中许多物种之间没有亲缘关系。结皮菌子实体扁平，通常倒置形成于木材的底面，或有一个狭窄的、略突出的菌盖。有些具有独特的宏观特征，如颜色或形状，因此很容易用肉眼识别，但大多数需要用显微镜观察研究后才能正确识别。有的有菌刺、菌齿、菌疣，有的有脉络或褶皱，表面或呈光滑棉质，或呈光滑蜡质。大多数结皮菌是木材的白腐分解者，但也有一些是褐腐分解者（见第120～121页）。最后，一些结皮菌可与植物的根形成菌根，特别是那些革菌目的真菌。

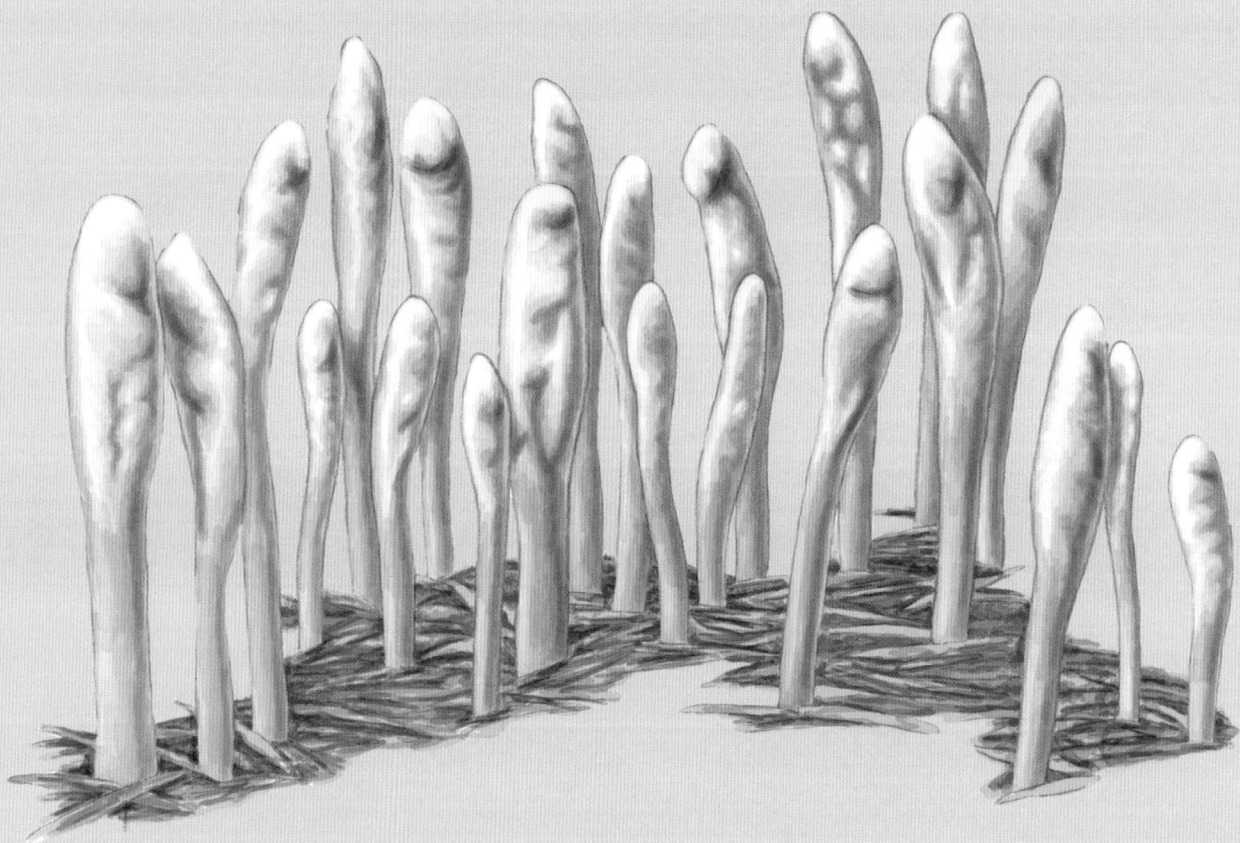

小棒瑚菌

Clavariadelphus ligula

子实体： 最初为淡黄奶油色，细长的棒状或勺状子实体随着年龄的增长而变深。除了基部有毛外，子实体最初是光滑的，随着年龄增长会长出皱纹。可育层覆盖子实体表面。

尺寸： 每一棒高3~12厘米，最厚处可达2厘米。

孢子： 光滑，细长圆球形，形成白色至淡黄色的孢子印；不含淀粉。

栖息地与生态： 这里一种在针叶林中发现的分解者，基部的菌丝将针叶和木屑结合在一起。于夏末和秋天形成子实体。

分布： 广泛分布于欧洲、北美洲和亚洲。

莲座状和珊瑚状担子菌

莲座状

此类真菌在欧洲温带地区只有不到30种，是一个小类群。它们的亲缘关系并不密切，但它们的形状都是扇形、单莲座形或有众多褶皱的多莲座形。孢子产生于光滑的下表面或外表面。物种大小不等，从只有1~2厘米高的扇形到40厘米宽的多莲座形不等。革菌属（*Thelephora*）物种会与植物的根形成菌根，但其他大多数种类是苔藓的分解者或寄生菌。

珊瑚状

这些子实体均呈棒状。作为真菌界最简单的形态之一，棒状子实体在不同的物种中进化了很多次。欧洲温带地区大约有200种该类真菌，其中许多没有亲缘关系。最简单的是单个的、小的（高度在5毫米以下，宽度在1毫米内）、薄的、无分枝的或微分枝的结构。有些品种直立生长，而另一些品种的生长方向则更随机，甚至向下生长。还有一些形成了更大的棒状子实体，能有7厘米或更高，宽几厘米。还有一些是细棒状子实体形成的多分枝簇，类似于珊瑚。此类真菌中有很多和植物之间的关系仍然不清楚：有些是分解者，有些形成外生菌根，还有一些是植物的寄生菌。

掌状革菌
Thelephora palmata

子实体：这种分枝的珊瑚状真菌簇生，略呈扁平状，从中心茎上反复分枝。最初是白色的，随着时间的推移变成灰色，最后变成褐色。闻起来像腐烂的卷心菜。

尺寸：高达7厘米。

孢子：棕色，有角，有疣状凸起。

栖息地与生态：它是针叶树的菌根伙伴。子实体在夏末至秋末生长。

分布：分布广泛，在欧洲、北美洲、日本和澳大利亚相当常见。

红柄核瑚菌
Typhula erythropus

　　子实体： 它是种类较多的核瑚菌属（*Typhula*）中的一种，这个朴素、无分枝的棒状结构有一个红棕色的毛柄，用精密的手持放大镜就可以看到。它还有一个白色的圆柱形头，从上面产生孢子。它通常会从红棕色的菌核中长出来。

　　尺寸： 高2~3厘米。

　　孢子： 含有淀粉。

　　栖息地与生态： 红柄核瑚菌是阔叶树的树叶和叶柄的分解者。子实体在秋季出现。

　　分布： 分布广泛，在欧洲常见，但在北部较少见。

红星头鬼笔
Aseroë rubra

　　子实体： 从"卵"中长出中空的菌柄，从菌柄顶端伸出6~12条"手臂"或"触须"，在"触须"靠近菌柄的一端形成散发难闻气味的、呈深橄榄褐色到黑色的孢子团。

　　尺寸： 子实体约10厘米高，"手臂"可达4厘米长，"卵"直径约3厘米。

　　孢子： 椭球形，深色，光滑。

　　栖息地与生态： 红星头鬼笔是植物凋落物、木屑和覆盖物的分解者，常见于花园、桉树和半常绿到常绿的森林中。

　　分布： 分布广泛，常见于澳大利亚东部和新西兰，已广泛传播。

带有封闭孢子的担子菌

鬼笔菌

子实体在部分或全部位于地下的卵形结构中生成。一旦"卵"裂开，一团黑色黏稠的孢子就会露出地面。鬼笔菌的子实体散发出腐肉的气味，能够吸引昆虫（见第56~57页）。

马勃菌和地星菌

大多数马勃菌和地星菌都属于伞菌目，与有菌褶的蘑菇属于同一分类目。封闭的球形或洋葱形的子实体含有一团粉状孢子，雨滴或树枝落在表面时，子实体会受到压力而喷出孢子。该类真菌有些属无菌柄，有些属的菌柄短而宽，还有一些属的菌柄很高。在地星属（*Geastrum*）中，外层会开裂，裂开的每个部分都会向后弯曲，将内部的球体抬起到"高跷"上（见第204页）。还有一些属，如硬皮马勃属（*Scleroderma*），厚厚的外包被会在成熟时裂开。包括网纹马勃属（*Lycoperdon*）在内的大多数属都是分解者，但硬皮马勃属（*Scleroderma*）的真菌是菌根伙伴。

鸟巢菌

所有的鸟巢菌都属于伞菌目，会分解木材和植物凋落物。它们的孢子光滑、透明，在通常生产孢子的细胞（担子）上产生。但这些孢子位于杯状结构内被称为小包的包裹中，看起来像鸟巢里的蛋，这一类群因此得名。孢子包通常会在受到雨滴溅落时飞出。

硬皮地星

Astraeus hygrometricus

子实体：这种地星有一个毡状孢子囊。湿度高时，6～15个有斑点的"高跷"（放射形腕）会向外卷曲，将孢子囊抬升，而在干燥条件下则会向内卷曲。

尺寸：孢子囊直径1～3厘米，展开时从一端到另一端最长可达8厘米。

孢子：类似球形，伴有许多疣状小凸起，产生红棕色的孢子印。

栖息地与生态：这种地星是橡树和松树的菌根伙伴。一年四季都能看到子实体，通常出现在夏末和秋季的雨后。

分布：广泛分布于欧洲、北美洲、亚洲和澳大利亚等地，但在寒冷地区无分布。

变形鸟巢菌
Nidularia deformis

　　子实体：这种鸟巢菌的外部囊呈垫状。每个囊中都有扁平的棕色"卵"，卵的内部是白色的，含有孢子。

　　尺寸：子实体直径0.5~1厘米。"卵"直径0.5~2毫米、厚0.3毫米。

　　孢子：光滑，透明或白色，椭球形，不含淀粉。

　　栖息地与生态：变形鸟巢菌是针叶树和阔叶树上潮湿腐烂木材的分解者。子实体出现在夏季到初冬。

　　分布：分布广泛，但在欧洲、北美洲和新西兰不常见。

弹球菌
Sphaerobolus stellatus

　　子实体：这种微小的鸟巢菌成群生长，类似于浅色的球体或蛋状。球体裂开后会露出一个淡褐色到橙黄色的"球"，里面含有孢子。成熟后，球会被射出。

　　尺寸：直径1~3毫米。

　　孢子：厚壁，透明。

　　栖息地与生态：弹球菌是严重腐烂的木头、枯死的草本植物和陈旧的动物粪便的分解者。从初夏到初冬都能看到子实体。

　　分布：分布广泛，常见于欧洲、北美洲、澳大利亚和日本。

黑胶耳和黑耳

Exidia glandulosa and *Exidia nigricans*

子实体： 两种子实体相似，经常混淆。黑胶耳大量聚集在一起时看起来像大脑，黑耳也经常紧密地聚集在一起生长，但下表面有疣状凸起。子实体都会干燥变脆呈结皮状，在下雨的时候会吸收水分，重新开始产生孢子。

尺寸： 单个子实体直径1～2厘米。子实体群落直径10厘米或更大。

孢子： 香肠状，不含淀粉，并产生白色孢子印。

栖息地与生态： 两种都是腐生菌，生长在一系列最近枯死的阔叶树附着木或倒木上。黑胶耳主要生长在橡树上，黑耳多寄生在山毛榉、白蜡树和榛子树上。它们的子实体全年可见，但秋季和温和的冬季通常是最佳生长期。

分布： 在欧洲和北美洲广泛分布，非常常见。

其他担子菌的子实体

橡胶状真菌

这些物种都是近亲，都是花耳目（Dacrymycetales）的成员。子实体通常呈黄色，质地呈胶状或橡胶状。产孢细胞的形状像音叉（见第176～177页），从有性孢子中萌发出无性孢子。这类真菌全是引起褐腐病的木腐菌（见第120～121页）。

杯伞状真菌

这种真菌的子实体大多数呈管状、杯状或伞状，向下延伸，它们都是近亲，属于伞菌目——其中许多真菌的子实体为蘑菇状。然而有别于蘑菇的是，杯伞状真菌在进化过程中失去了它们的菌褶。该真菌最小种类的直径大约为0.2毫米，最大的可能有10毫米。

胶质菌

胶质菌的子实体在颜色和形状上各不相同。有些种类的担子上长有可以产生孢子的长长的突起（担孢子梗）和隔膜，通过显微镜可以看到。它们大多数是植物或真菌的分解者或寄生菌。

粘胶角耳
Calocera viscosa

子实体： 这些橡胶状的真菌又称鹿胶角菌，呈亮橙黄色，有油腻的鹿角状的分枝，可分枝2~4次。

尺寸： 最高可达10厘米。

孢子： 微微弯曲成香肠状，含有油滴，但不含淀粉，产生白色孢子印。

栖息地与生态： 这种木腐菌生长在针叶树上，通常被埋在土壤表面以下。一年四季都有子实体出现，尤其是在秋天。

分布： 分布广泛于欧洲和北美洲。

黄金银耳
Tremella mesenterica

子实体：这种胶质菌潮湿时呈胶状。如果有长时间
降雨，它会变得更加苍白。

尺寸：单个子实体直径为2~8厘米。

孢子：担孢子不含淀粉，产生白色的孢子印。

栖息地与生态：子实体出现在枯木上，或者穿透阔
叶树的树皮生长，但它不腐蚀木材——它是其他真菌的
寄生菌。子实体一年四季都可见，但在春末或初夏并不
常见。

分布：在除南极洲以外的所有大陆都广泛分布，非
常常见。

橙黄网孢盘菌

Aleuria aurantia

　　子实体： 大型杯状子实体成熟后会膨胀，变得更加不规则，形成波浪状边缘，经常开裂。子实体成群出现，通过菌索附着在土壤上。

　　尺寸： 每个杯状子实体直径为3~10厘米。

　　孢子： 椭球形，具纹饰，含有两个油滴，产生白色孢子印。

　　栖息地与生态： 橙黄网孢盘菌通常生长在砾石土壤上，如公园和森林中的小路上或路旁。子实体从夏季到隆冬一直出现。

　　分布： 广泛分布在欧洲和北美洲。

子囊菌

　　这一组真菌都属于子囊菌门。有些是外生菌根，有些是寄生菌，或者是已死植物和动物尸体的分解者。子囊菌在被称为子囊的囊中产生孢子（见第49页），子囊通常被不育菌丝包围（侧丝，见第177页）。这一类群的子实体从微观到宏观各不相同，它们的形状从简单的杯状、烧瓶状或球状结构到更复杂的耳状、高脚杯状、鞍状和蜂窝状不等。

　　子囊菌通常被称为"孢子射手"，因为多种子囊菌会从成熟的子实体中喷射孢子。有些子囊菌的产孢表面（子实层）完全暴露在外，有利于孢子的释放。根据属或种的不同，子实层的颜色从白色、灰色、黑色或棕色到紫色、粉红色、黄橙色或红色不等。因此，它可以为识别真菌提供线索，就像孢子的大小、颜色和纹饰（孢子是否有疣状凸起、是否带刺等）也有助于识别真菌一样。真菌学家还经常使用显微镜观察到的特征识别子囊菌，例如每个子囊顶部是否有小盖（囊盖）、是否有双层囊壁、子实体内侧丝的排列方式是怎样的。

粗柄马鞍菌
Helvella macropus

子实体：外表面多毛，无光泽；产孢的上表面呈灰色，有光泽。它与假羊肚菌是近亲，因此可能有毒。

尺寸：菌杯直径1~4厘米。菌柄高1~5厘米。

孢子：椭球形或纺锤形，表面光滑，有时有细疣，产生白色孢子印。

栖息地与生态：这些子实体可单独或成群出现在肥沃的土壤或腐烂的木头上，通常出现在阔叶林中。子实体出现在初夏到初秋。

分布：在欧洲、北美洲和亚洲广泛分布且常见。

小口盘菌
Microstoma protractum

子实体：这些高脚杯状的子实体成簇生长，并与一个共同的、深根的菌柄相连。杯状子实体呈球形，中间有一个开口，最终会变为边缘呈锯齿状的盘形。

尺寸：子实体高约4厘米、直径约2.5厘米。

孢子：大且壁厚，产生白色孢子印。

栖息地与生态：小口盘菌春天会成簇出现在林地中，它们生长在经常周期性潮湿的肥沃土壤里掩埋的木头上。

分布：虽然罕见，但在欧洲、北美洲和北亚都有发现。

驴耳状侧盘菌
Otidea onotica

子实体：杏橘色的外表面黯淡无光，略呈绒毛状（絮状），而内膜光滑，有时有斑点或略带粉红色。

尺寸：菌盖高3～9厘米、直径1.5～4厘米。菌柄高约1厘米。

孢子：白色，光滑，椭球形，有两个油滴。

栖息地与生态：驴耳状侧盘菌生长在针叶林和阔叶林的地面上。它是分解者和外生菌根真菌，子实体从春季到秋季都会出现。

分布：分布广泛，常见于欧洲温带地区和北美洲。

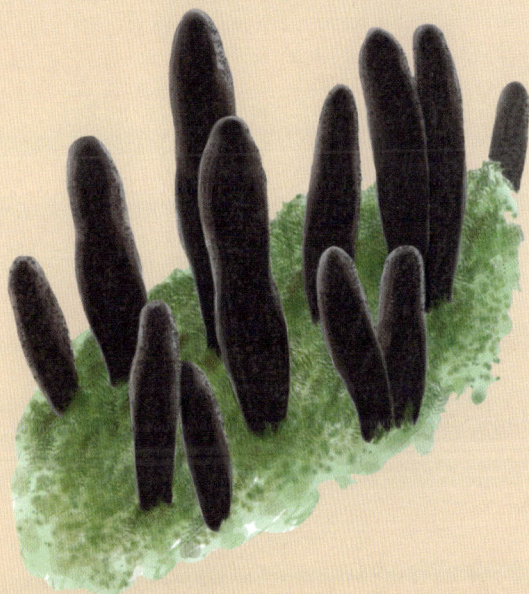

多形炭角菌
Xylaria polymorpha

子实体：微小的烧瓶状子实体嵌在指状结构（基质）中。切开后，它们会露出内部白色的肉质，切面外围是黑色的烧瓶状子实体。每个子实体含有多个子囊（见第49页）。

尺寸：基质长3～8厘米、直径1～3厘米。

孢子：光滑，深褐色，纺锤形或香蕉形，产生黑色孢子印。

栖息地与生态：这种木腐菌从地下钻出，出现在落叶树桩的基部或埋在地下的木材中。子实体主要在夏秋两季出现。

分布：在欧洲、北美洲和其他地方广泛分布且常见。

淡红侧耳

Pleurotus djamor

第七章

美味的真菌史

数千年来，人类一直熟知某些真菌的营养价值和保健作用，但直到近些年才实现蘑菇的商业化种植。让我们一起来探索悠久的真菌食用历史，并了解它们的生长过程吧。

在人类的精神探索领域，蘑菇已经被推崇了数万年。与此同时，一些带有泥土气息的鲜美可食用菌几百年来也一直受到人类的喜爱。

蘑菇的烹食历史

1.2 万年前

通过研究西班牙坎塔布里亚山脉的埃米尔洪洞穴中发现的人类牙齿材料，科学家们能够证明，某些真菌（如牛肝菌属的一些物种）早在1.8万至1.2万年前就已经被该地区的旧石器时代人类食用。这是除精神实践外，人类最早食用蘑菇的记录之一。

4500 年前

古埃及的象形文字表明，早在4500年前，人类就已经食用蘑菇和松露了。传说蘑菇是"神的儿子"，与永生有关。因此，只有皇室成员才能食用它们。

4500年前的古埃及人已经知道可以用微小的酵母菌来制作面包。

在自然界中生长的金针菇

在黑暗环境中生长的金针菇

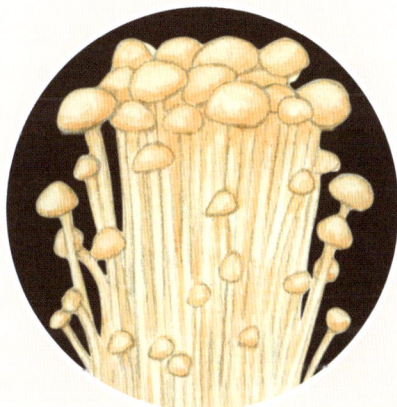

2200年前

早在2200多年前，中国就已经首次培育出角质木耳（*Auricularia cornea*）。它也被称为"云耳"或"毛木耳"，脆嫩的质地令它在中国菜肴中一直很受欢迎。同时，口感略带甜味的丝状冬菇（*Flammulina filiformis*），即我们熟知的金针菇，几个世纪以来在中国和日本也一直都有种植。这种真菌通常在黑暗环境中培育。

2000年前

2000多年前，希腊园艺师开始用动物粪便种植蘑菇。他们还能够在小范围内培育某些真菌，如具有坚果风味的黑杨环伞（*Cyclocybe aegerita*）。罗马人也种植这种蘑菇，今天人们仍然可以在欧洲市场上买到它。

400年前

17世纪时，一次偶然的发现将蘑菇栽培技术传到了法国巴黎，自此，双孢蘑菇（*Agaricus bisporus*）首次生长在凡尔赛宫的花园中。到了19世纪中期，巴黎的地下墓穴和旧采石场成了这些伞菌的种植场。然而，这一切在20世纪随着巴黎地铁的修建而结束。

得益于肉质的口感和丰富的鲜味，某些种类的蘑菇已经被人类食用了数千年。目前，世界各地人工种植的食用蘑菇大约有30种。

人工种植蘑菇的
食用之道

许多受欢迎的蘑菇已经形成产业化种植（见第220~223页），包括双孢蘑菇（*Agaricus bisporus*）和侧耳属（*Pleurotus*）。这些蘑菇因其肉质口感和多功能性而足以成为肉类的替代品（见第272~273页），因此对素食主义者和纯素饮食都具有很高的价值。酵母是一种极其微小的单细胞真菌，可用于酿造生产和做成营养酵母片。

纯素食维生素D

维生素D在人体运行的许多过程中都必不可少，我们主要通过晒太阳和摄取某些食物的方式获取维生素D。真菌则通过麦角固醇产生维生素D。把蘑菇置于紫外线下，它们可以通过将麦角固醇转化为维生素D的形式增加自身维生素D的含量。其他富含维生素D的食物还包括油脂含量高的鱼和蛋黄，但对于纯素饮食者来说，蘑菇是他们难得的天然维生素D来源。

营养价值

蘑菇的营养价值不容低估。它们低脂低钠，但纤维、各种维生素和矿物质含量却相当高，如B族维生素、硒、铜和钾（含量因蘑菇种类而异）。硒具有抗氧化性；铜对身体运行过程非常重要，比如产生红细胞；钾对细胞功能至关重要。一道蘑菇做成的菜肴所提供的钾含量相当于一根香蕉所提供的。

蘑菇和其他真菌的细胞膜中含有一种类似于动物胆固醇的物质，被称为麦角固醇。但是，我们的身体不会像使用胆固醇那样使用麦角固醇，因此蘑菇是健康的无胆固醇食物。

有些含有对健康有益的维生素与矿物质

有些富含维生素D

有些含有抗氧化的硒元素

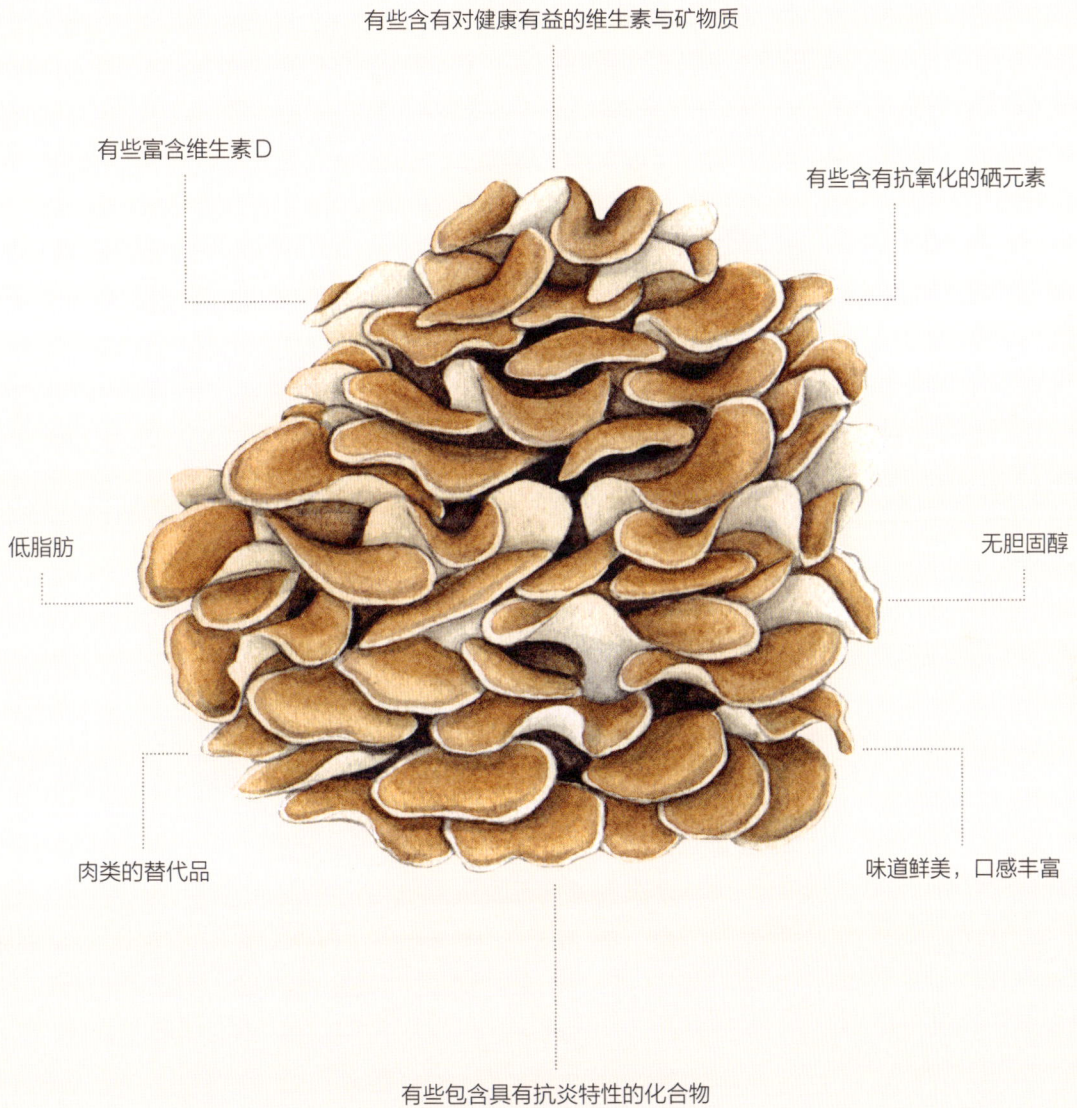

低脂肪

无胆固醇

肉类的替代品

味道鲜美，口感丰富

有些包含具有抗炎特性的化合物

与大多数粮食作物相比，蘑菇的种植相对容易。目前，蘑菇的商业化种植和家庭化种植正在蓬勃发展。无论种植哪种蘑菇，都要具备三个关键因素：基质、环境和菌种。

蘑菇的种植法

注意事项

种植蘑菇是一件有收益且很好玩的事情，但是为避免种出不可食用蘑菇的风险，请务必从信誉良好的供应商那里购买真菌菌种或完整的种植套装。当我们在户外种植蘑菇时，也存在来自自然环境中的非食用菌孢子取代食用菌孢子的风险。哪怕稍有疑问，也请咨询专家。有些人对蘑菇过敏，所以在第一次尝试新品种时，请只取少量样本。与植物花粉一样，真菌孢子也可能是过敏原，因此请避免吸入真菌孢子，并确保在通风良好的地方种植蘑菇。有时我们可以购买只产生少量孢子的菌株。

作为大自然分解者的蘑菇往往可以在本地利用废弃材料大规模种植。这样能够缩短它们到达消费者手中的路程（即食物里程），从而降低对环境的影响。其他一些可栽培菌种能够分解木头，例如，香菇（*Lentinula edodes*）这种白腐菌经常在原木上栽培。块菌等菌根真菌因需要与活的伴生树木作为共生体，所以无论是在小规模种植还是商业化种植方面都更具挑战性。

种植食用菌的关键

进行蘑菇栽培时，首先要考虑的两个重要因素是：为真菌菌种生长和子实体形成创造正确的种植环境，为其选择正确的食物来源（即基质）。不同种类蘑菇之间的主要区别在于，双孢蘑菇需要使用经过预先发酵的基质，而其他食用菌则不需要。

第三个重要的因素是获得高质量的蘑菇菌种（一种起始培养物），其中包含真菌孢子或菌丝的纯培养物，可以与经过灭菌处理的谷物或木桩混合并在其上定殖。栽培时，将菌种添加到相关基质中，真菌将持续生长，产生菌丝，最终形成蘑菇。

淡红侧耳
Pleurotus djamor

　　这是一种很受欢迎的蘑菇，可在市场购买套件种植。培育产量很大，子实体呈粉红色扇形，外形非常美观。

一提到食用菌，大多数人就会想到白蘑菇。事实上，口蘑、栗蘑和褐菇等双孢蘑菇都是常见的食用菌，它们的种植方式也大致相同。

口蘑的商业化种植之路

自19世纪法国开始栽培双孢蘑菇以来，蘑菇的栽培技术基本没有变化，现在世界上的许多国家都已实现了这种蘑菇的商业化种植。你还可以购买种植套装，几周内就可在家里种植出这种蘑菇。种植套装里面包括了已被菌丝定殖的培养物，你只须将套装里提供的土盖上去（如右页），适时浇水即可。

基质

所有蘑菇都需要基质或堆肥，这是可以让菌丝生长的物质。与其他一些商业化种植的蘑菇不同，双孢蘑菇需要预先发酵的蘑菇基质。为了达到这一目的，需要让原料基质（通常是马粪加草垫）在天然存在的微生物作用下进行发酵，由此产生的基质富含真菌生长和蘑菇生产所需的营养物质。

双孢蘑菇菌种

双孢蘑菇菌种的备制方法是将双孢蘑菇菌丝添加到已灭菌的小米谷物中，这一过程通常由专业的公司进行规模化生产。蘑菇种植者直接从这些供应商那里获得菌种即可。

商业化的口蘑种植方式

1.

马粪加小麦秸秆垫料是双孢蘑菇的首选基质，除此以外，基质中还添加了如谷壳、氮（通常以鸡粪的形式添加）和石膏（用以稳定酸度以及防止秸秆粘连）等其他成分。

2.

基质中天然存在的嗜热微生物开始使基质发酵并改变堆肥的营养成分，使其更有利于蘑菇生长，而不利于其他真菌和细菌的生长。

3.

将水加入体积庞大的黄色堆肥中，当它达到所需温度时，定期进行翻堆，持续2~3周时间，直到基质变成深色致密的混合物，并散发出氨味。

4.

然后将其平铺，进行巴氏杀菌，去除不需要的真菌、昆虫、线虫和其他害虫，同时尽量减少有益微生物的损失——这些微生物有助于除氨。

5.

堆肥温度降低后，将蘑菇菌种接种到基质中，并控制温度、湿度和二氧化碳水平（见第53页），从而最大限度地促进菌丝生长。

6.

一旦菌丝在堆肥中生长冒头（7~10天后），就要在堆肥上覆盖一层泥炭和石灰石混合的"覆土"，以刺激未成熟的蘑菇（原基或菌芽）形成子实体。

7.

2~3周后，基质中就会长出可采摘的蘑菇，同时继续刺激其生长，以备后续采摘。整个商业种植过程可持续大约14周。

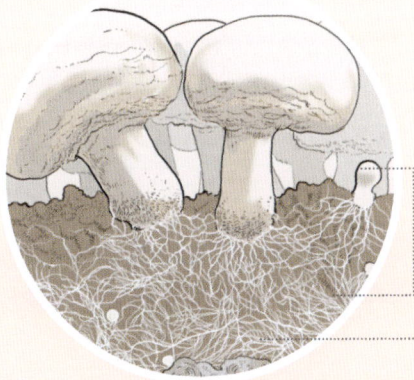

····· 可看到菌索和蘑菇原基（菌芽）的覆土层

····· 定殖了双孢蘑菇菌丝体的蘑菇基质

平菇和香菇等食用菌可以在不需要预发酵的木质基质上愉快地生长。市场上有很多蘑菇种植套装，我们可以买来在家里种植，但是在种植时需要悉心照料，尤其是户外种植的时候。

初学者的食用菌种植

平菇

这类真菌是长出蘑菇速度最快的品种之一，适合初学者。菌种可以从专业供应商处购买，并且可以在多种基质上生长。种植套件通常装在消毒袋中，带有已经接种了菌种的预处理基质。我们只需要将其浸泡在水中，然后加以低温刺激，促进子实体形成。在基质的袋子上开几个口子让其接触空气，并定期喷水以保持袋内的湿度。根据所选方法的不同，我们可以在2~6周内收获平菇。平菇可以种植在棚屋、地下室甚至通风橱内。种植时要注意避免吸入孢子。

在商业化种植中，平菇生长在控温室内。菌种被添加到经过消毒的小麦秸秆和木质材料的混合基质中，接种2~3周，促使菌丝发育。然后将其浸泡在水中7~10天，通过低温刺激和空气接触以促进子实体形成。为了优化蘑菇生产，温度和湿度都要小心监控。

香菇

香菇在亚洲已经种植了几个世纪，这类木腐真菌更喜欢在锯末基质上或原木上形成子实体（最好是橡木、桦木和桤木）。蘑菇菌种通常以谷物或已定殖了菌种的木榫的形式出现，这些木榫可以直接插入新切割并钻孔的硬木原木中。在原木上，香菇通常每年结实两次，分别在春季和秋季。在锯末袋中加入带有菌丝的谷物，等待2~3周，将袋子开几个口子，在水中浸泡1~2天。第一朵蘑菇将在1~2周后出现。商业化种植时，会采用浸渍原木与锯末基质两种方式，同时会优化温度和湿度，以促进蘑菇生产。

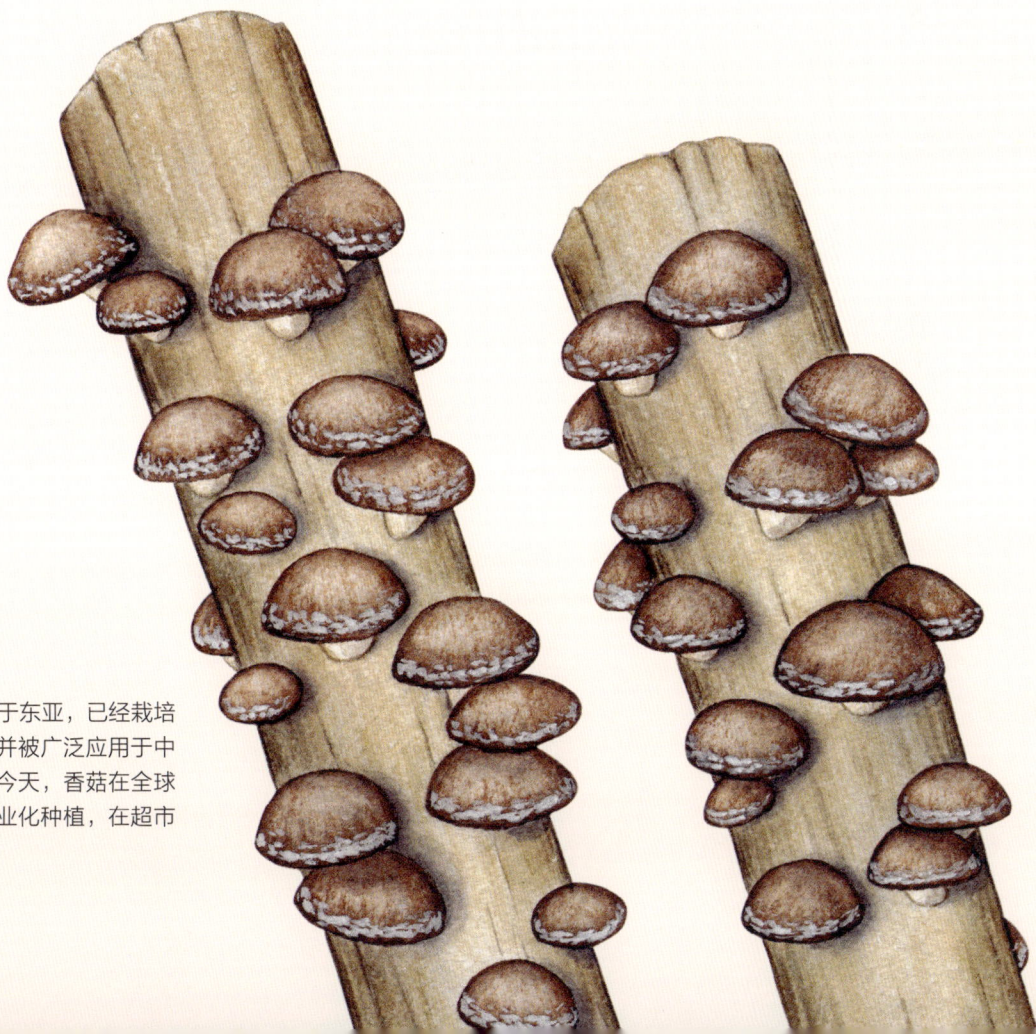

香菇

香菇原产于东亚，已经栽培了几个世纪，并被广泛应用于中国传统医药。今天，香菇在全球范围内都有商业化种植，在超市中十分常见。

块菌又称松露，被誉为"蘑菇界的莫扎特"。这种给人带来烹饪乐趣的食材是最昂贵的食用菌之一，种植松露可不是胆小者的游戏。

松露的漫长种植

　　松露是一种地下真菌，在地下产生子实体，它的生长与树木密切相关。这种真菌是外生菌根真菌，可以和很多种树木形成共生关系，包括橡树、山毛榉、落叶松和榛树。在自然界中，成熟的松露会散发出一种香气，当松鼠、兔子和其他动物嗅到，便会将其挖出。通过这种方式，这些地下成长的子实体得以传播它们的孢子。很久很久以前，人类就已经能够借助松露猪或松露犬来嗅出这些松露并进行挖采了。

　　松露需要共生植物，它们不会像许多其他食用菌一样在堆肥、锯末或原木中生长，许多网络供应商出售被松露浸渍的树木。然而，要建立足够成熟的共生关系，并让这种子囊菌产生松露子实体，可能需要10年或更长时间，而且还要再过10年才能获得可靠的收成。一些种植者在种植树苗之前用松露菌丝浸渍土壤。还有人在松露伴生树周围的"烧焦"区域采集树苗。松露的菌丝体在生长过程中释放热量和化学物质，在一些情况下，这些物质会导致周围树木的叶子出现"烧焦"的现象，从而形成"烧焦"区域。带有菌根连接的幼树在这样的"烧焦"区域会茁壮成长，因此采集并移植这样的树苗长成带有天然真菌的树木的可能性更大。

　　在美国、澳大利亚和欧洲，松露农场的数量虽然不多，但也正在不断增长。种植松露的土壤需要松软易碎、排水良好、略呈碱性，温和的气候也很重要。规模化种植时，要么将松露孢子接种到树苗的根部，要么在被松露浸渍过的袋装土壤中种植小树。等树龄达到2~5年后，再将这些树移植到合适的土地上。种植松露大约需要7~10年的时间方能收获，而要达到商业化的生产水平则需要长达20年的时间。

松露的商业化规模种植

1.

使用盆栽方式，将树苗种到含有松露孢子或菌丝的盆栽土壤中。

2.

让树苗在盆中生长2～5年。再将它们移栽到更大的盆中，盆中装有更多的土壤和松露接种体，等待树苗长成小树。

3.

将树木成排地种植在排水良好、松软且略呈碱性的土壤中，这种土壤条件适合松露菌落的形成。

4.

每年进行树木修剪和土壤灌溉。第一批松露将在7～10年后形成，而达到完全商业化的生产水平可能需要长达20年的时间。

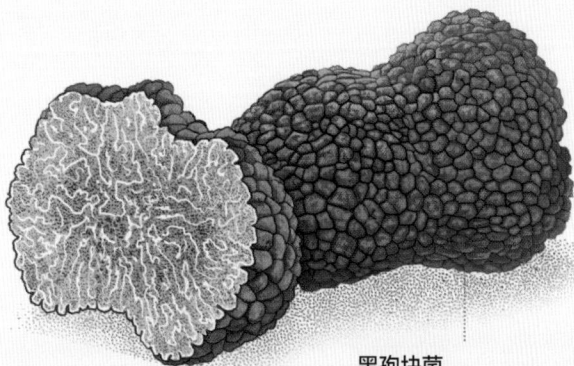

黑孢块菌
Tuber melanosporum

5.

收获地下的松露时，注意不要损坏树根。可以使用松露犬嗅寻它们，再将它们采出。

6.

虽然松露的种植需要投入大量时间，但回报也很高，最珍贵的松露品种每千克价格甚至超过3万元。

毒蝇鹅膏
Amanita muscaria

第八章

蘑菇的故事

　　自人类开始在这个星球上行走以来，蘑菇就在
艺术、民间传说、音乐和传统仪式中出现了。本章
我们就来一起探索那些由蘑菇带来的习俗和民间传
说，以及据传具有超自然神秘力量的真菌的故事，
真菌名称背后的神话传说，甚至真菌们创造音乐的
能力。

蘑菇经常像变魔术一样从地里冒出来，几个世纪以来一直吸引着人类的好奇心。因此，它们能够在民间传说中有着深远的历史也就不足为奇了。

蘑菇的神话传说

蘑菇圈

蘑菇圈（见第136～139页）也译作"仙女环"或"精灵环"，它深植于真菌学有关的民间传说中。这种奇特的景象常常在一夜之间出现，从而引发了许多神话传说。在奥地利和法国的部分地区，人们认为蘑菇圈是魔法和巫术之地，是龙喷火或甩尾造成的烧焦的草圈。在英国的民间故事里，小精灵们为庆祝降雨而围成一圈跳舞，使得圆圈内的草枯萎。根据古老的英国传说，踏入蘑菇圈的人会陷入长达百年的昏睡，而在蘑菇圈的露水中沐浴会让年轻少女的皮肤长出痘痘和雀斑。这些神话流传甚广，以至于莎士比亚的传奇戏剧《暴风雨》中的主人公普洛斯彼罗公爵也提到了精灵环舞。

神的食物

在古希腊，蘑菇被认为是生育的象征。它们在希腊神话中的重要性暗藏在一块石雕中。石雕雕刻的是希腊女神珀耳塞福涅在冥界被囚禁一段时间后与母亲得墨忒耳重新团聚的欢乐场景。蘑菇出现在这一欢乐的场景中，可能象征着重生，也可能是暗示某些蘑菇的致幻特性，有人认为蘑菇的这种特性影响了古希腊的宗教仪式。

白鬼笔
Phallus impudicus

据说，英国作家碧雅翠丝·波特（Beatrix Potter）没有勇气画这种蘑菇；查尔斯·达尔文（Charles Darwin）的女儿收集了这种蘑菇并把它销毁，以免它让仆人感到羞辱；在维多利亚时代的文本中甚至有人颠倒着画它。因为外观原因，白鬼笔的子实体更是被一些人误认为是催情剂。

黑轮层炭壳
Daldinia concentrica

英国有传说称，在丹麦人突袭英国时，阿尔弗雷德国王躲进了萨默塞特沼泽地避难，他在烘焙蛋糕的时候睡着了。黑轮层炭壳硬而光滑的黑色成熟子实体看起来像极了烤焦的蛋糕，因此而得英文俗名：阿尔弗雷德国王的蛋糕。

灵芝

Ganoderma lucidum

灵芝，意为"生命之树"。这种檐状菌被认为会给人
带来健康和好运。

受人尊崇的真菌

灵芝这类光滑的深色扇形檐状菌一直是中国、日本和韩国传统文化中被广泛描绘的蘑菇。它的形象出现在许多寺庙的壁画、塑像和画作中，甚至还被雕刻在如意上。在北京的紫禁城和颐和园里，皇帝的权杖、家具和建筑物上，都有带灵芝图案的雕刻。

圣诞伞菌

毒蝇鹅膏（*Amanita muscaria*）具有引人注目的红色菌盖和白色斑点，也许是关于真菌的民间传说中最具代表性的蘑菇，它节日般的色彩也许并非偶然。据传说，圣诞老人可能就源于西伯利亚古老宗教运用这种特殊真菌的习俗。

巫师们会把毒蝇鹅膏挂在松树上晾干，然后等到冬天再把它们作为礼物分发出去。据说，圣诞老人的服装就起源于他们穿着的红色鹿皮和红白波点的衣服，而飞行的驯鹿则源自食用蘑菇后产生的幻觉。

毒蝇鹅膏会像变魔术一样出现在桦树和松树下，就像圣诞树下的礼物一样。在欧洲，红白相间的蘑菇装饰品在节日期间随处可见。

致命的真菌

人们普遍认为，拿破仑在流放圣赫勒拿岛期间死于胃溃疡，但也有人认为他的死与一种真菌有关。有些人相信这位法国领导人浴室里的短帚霉（*Scopulariopsis brevicaulis*）导致他墙壁上的谢勒绿颜料分解，并释放出有毒的砷化氢气，而拿破仑就是因为吸入了毒气而死。

从史前洞穴壁画到20世纪的邮票，真菌在艺术作品中得到了广泛描绘，被描绘为精神的象征、珍贵的食材，并且因其多变的外形、颜色和形态而受到艺术家的青睐。

艺术中的蘑菇

古老的蘑菇艺术

北非的塔西利史前洞穴壁画、危地马拉新石器时代的石雕蘑菇神像，以及印度摩揭陀王国刻有蘑菇和生命之树形状的硬币，都证明远古人类想要通过艺术表达对蘑菇的崇拜。

从文艺复兴到巴洛克时期

在文艺复兴时期，树木上的檐状菌或森林地面的蘑菇丛在绘画中变得越来越普遍，这表明人们对真菌的认识有所提高。在巴洛克时期的静物画时代，真菌也成了灵感的源泉，尤其是在意大利。巴托洛梅奥·阿尔博托里（Bartolomeo Arbotori）等画家经常描绘橙盖鹅膏（*Amanita caesarea*）和美味牛肝菌（*Boletus edulis*）。这一时期亚洲的艺术作品经常描绘灵芝（*Ganoderma lucidum*）。

浪漫主义时期及以后

在浪漫主义时期，人们对自然世界的兴趣激增。真菌学家开始通过绘画、素描、干制标本和野外笔记等来整理记录，其中最精致的画作包括安娜·玛丽亚·赫西（Anna Maria Hussey）绘制的作品，以及碧雅翠丝·波特（Beatrix Potter）绘制的300多种真菌子实体和地衣。

蘑菇邮票

世界上第一枚邮票"黑便士"于1840年发行，100年后，罗马尼亚首次发行蘑菇邮票。1967年首次出现在英国邮票上的真菌是青霉菌（*Penicillium*），以纪念抗生素青霉素的成功。如今，全世界有很多集邮爱好者都在收藏蘑菇邮票。

文艺复兴时期的蘑菇

意大利画家朱塞佩·阿尔钦博托（Giuseppe Arcimboldo）在1573年创作画作《秋天》，以人类头像创意展示了秋天的水果、蔬菜和蘑菇，画中人的耳朵显然是一种有菌褶的蘑菇。

从能产生音乐的孢子到能复制出世界上最好音质和音高的弦乐器菌木小提琴，真菌比你想象中更具音乐天赋。

蘑菇与音乐

会奏乐的孢子

蘑菇向大气中释放孢子，使真菌能到达新的栖息地。每种蘑菇都有独特的孢子释放模式，人们可以利用这种模式创作音乐。我们通常看不到孢子的自然释放过程。然而，如果将激光束对准蘑菇的菌盖之下，就可以捕捉到微小孢子通过激光时的释放过程。声音设计师杨·塞兹内克（Yann Seznec）和苏格兰爱丁堡的真菌学家帕特里克·希基（Patrick Hickey）创造了一个系统，可以将特制的激光器与音乐生成软件相连接，从而将通过激光束反映出来的蘑菇孢子释放过程转换成声音，结果产生了一种精致而清脆的蘑菇音乐。

真菌小提琴

当木材被透明亚卧孔菌（*Physisporinus vitreus*）和裂褶菌（*Schizophyllum commune*）这两种白腐菌选择性腐蚀时，所得到的材料可以被加工成"菌木"小提琴，这种乐器的声学性能可以与世界著名的斯特拉迪瓦里家族的弦乐器相媲美。斯特拉迪瓦里小提琴是由 17～18 世纪中叶巴洛克时期的工匠安东尼奥·斯特拉迪瓦里采用来自意大利阿尔卑斯山脉高处的欧洲云杉制作而成的。这一时期的树木一直处于小冰河时期的影响下，可产出成分更均匀（即同质性）的木材。因此在被制成乐器时，比起生长在温暖气候条件下的树木所产木材，它们能产生更好的声学效果。正是由于这种木材的同质性，再加上斯特拉迪瓦里的精湛工艺，使得斯特拉迪瓦里的乐器变得与众不同。而现在，真菌也可以产生类似的效果。"菌木"小提琴也因此可以为才华横溢的音乐家们提供更实惠的高品质乐器。

裂褶菌

Schizophyllum commune

用透明亚卧孔菌和裂褶菌（见上图）对木材进行控制性降解，可以使木材产生与巴洛克时期制作小提琴时使用的木材相似的声学性能。

在许多童话故事和儿童书籍中，小精灵们常常坐在红白相间的毒蝇鹅膏上，或者住在蘑菇房子里。

从盎格鲁－撒克逊诗歌到19世纪的儿童故事，历史上许多作家和诗人都从真菌和它们的特性中汲取灵感。

文学作品里的真菌

发光的真菌

在现存最古老的英语诗歌《贝奥武甫》（*Beowulf*）中有这样一段描述真菌生物发光的文字："森林挂霜，凛冬已至，树影倒映在波澜之上。夜间奇观，水上火光。"在中世纪，发光的蘑菇或木头被认为具有超自然属性，这首诗里描述的可能就是倒映在水面上的发光的蘑菇。

衰败的真菌

真菌造成的死亡和衰败是珀西·比希·雪莱（Percy Bysshe Shelley）和查尔斯·狄更斯（Charles Dickens）等19世纪英国作家的创作灵感来源。例如，在狄更斯的《远大前程》（*Great Expectations*）中，哈维沙姆小姐（Miss Havisham）日益腐烂的家和婚宴似乎代表了上层阶级的腐朽堕落，与那个时代的极度贫困形成了鲜明对比。20世纪作家雷蒙德·布里格斯（Raymond Briggs）的《方格菌》（*Fungus the Bogeyman*）一书以更加轻松的笔调描绘了这一腐朽现象。在这本图画书中，很多幽默笑点都集中在主要人物方格菌（Fungus）、他的妻子霉（Mildew）以及他的儿子霉德（Mould）的"脏污"特点上。

致幻的真菌

某些真菌的致幻属性也在文学作品里有过描述。刘易斯·卡罗尔（Lewis Carroll）写于1865年的《爱丽丝漫游奇境记》中就有一个臭名远扬的例子。爱丽丝遇到一只蓝色的大毛毛虫，它坐在蘑菇上，吸着长水烟袋。当它离开蘑菇，消失在长草丛中时说："一边会让你长高，另一边会让你变矮。"这个场景让我们一下子就能想起具有迷幻属性的毒蝇鹅膏（*Amanita muscaria*）和半裸盖菇（*Psilocybe semilanceata*，见第260~261页）以及它们所产生的致幻作用。

药用拟层孔菌
Laricifomes officinalis

这种生长在古老森林中的真菌主要感染落叶松，形成大型柱状的子实体，有些长度可以超过 1 米。北美洲西北海岸的土著部落称它们为"鬼魂之食"，还把它们雕刻成面具、精灵像和其他艺术品。这些物品被认为具有超自然的力量，是当地宗教仪式中不可或缺的一部分。

　　古老的蘑菇的象征意义可以追溯到几个世纪以前，我们在世界上很多地方都能找到它们的痕迹。有些蘑菇甚至被人当成精神图腾来崇拜，并形成了古老的精神仪式和传统。

传统仪式中的蘑菇

洞穴艺术

　　人类在精神仪式中使用蘑菇的记载最早可以追溯到9000多年前。阿尔及利亚塔西利洞穴中的史前壁画里就有举着发光蘑菇跳舞的人物，蘑菇发出的光线照向每位舞者的头部，可能代表了蘑菇具有致幻效果。壁画里似乎还描绘了蘑菇从神的身体中生长出来的场景。

蘑菇石

　　人们在中美洲北部各地发现了距今已有2500多年历史的神秘蘑菇形石头。这些石头被雕刻成两种致幻蘑菇的形状：半裸盖菇（*Psilocybe semilanceata*，见第260～261页）和毒蝇鹅膏（*Amanita muscaria*，见第242～243页）。菌柄雕刻着一位神，菌盖是一顶帽子，有的还在菌柄底部四周雕刻着一些较小的蘑菇。这些象征性的雕刻突显了这些蘑菇在该地区土著部落文化习俗中的重要性。

超自然的力量

　　在欧洲、北美洲、亚洲和非洲都有发现的木蹄层孔菌（*Fomes fomentarius*）能发育出形状如同马蹄的大型子实体（见第250页）。西伯利亚西部的汉特人会在坟墓的入口处焚烧这种真菌，他们认为焚烧形成的烟可以防止尸体对活人产生影响。

旧世界的仪式

古印度经典《梨俱吠陀本集》❶提到了"苏摩酒"，这是一种无叶、无花、无根但有肉质茎的红色植物制成的提神饮料。真菌学家罗伯特·戈登·沃森（Robert Gordon Wasson）在其著作《雅利安人的苏摩酒》中猜测，这种"植物"实际上就是毒蝇鹅膏。据《梨俱吠陀本集》记载，众神之王因陀罗和火神阿耆尼饮用了这种珍贵的长生不老药，饮用它可以使人获得永生和力量。

印度另一个受人尊敬的神湿婆（Shiva）经常被描绘成手持一株蘑菇的形象。在南亚其他地区，如在印度河流域的哈拉帕文明中，女性生育雕像就在头饰中绘有毒蝇鹅膏，表明该蘑菇是一种重要的精神象征。

新世界的蘑菇

许多哥伦比亚时期前的北美艺术品，如陶瓷瓶和面具，都以不同方式描绘了毒蝇鹅膏，这表明新世界的早期文明与这种致幻蘑菇之间有着根深蒂固的联系。甚至有人认为，早期人类从亚洲北部迁移到美洲大陆——当时两个大陆被冰架连接在一起，就一并将涉及这种蘑菇的成熟文化、仪式和典礼带到了新大陆。

---

❶ 印度最古老的一部诗歌集，内容包括神话传说、对自然现象和社会现象的描绘与解释。——编者注

毒蝇鹅膏
Amanita muscaria

对西伯利亚北部的土著民族来说，白桦木、毒蝇鹅膏和驯鹿是重要且相互关联的商品：白桦木用于建造和生火，毒蝇鹅膏会出现在白桦木附近与其共生，驯鹿则以白桦木为食。人们还经常把干蘑菇放在白桦木盒子里，用驯鹿皮包裹，以方便携带。

真菌被用于精神仪式、被当作食品和药物已有数千年。此外，我们的祖先还发现了马勃菌的实用用途，比如用于建筑、作为引火的火绒，甚至用来"熏赶"蜜蜂。

古人与马勃菌

北美洲的土著人

担子菌马勃科的子实体通常为球形，成熟时白色松软的中心部位会转为褐色，然后变成粉状，最终喷出成千上万颗真菌孢子。

对于北美洲的黑脚部落而言，马勃菌是天上之物。他们将马勃菌称为"坠落的星星"。这些珍贵的真菌晒干后可以作为引火物引燃火堆或作为驱邪的熏香，还可以用来麻醉蜜蜂以收集蜂蜜。人们甚至把马勃菌图腾画在尖顶帐篷的篷布上，也在尖顶帐篷的底部绘有一圈马勃菌的图案，大概是为了纪念它们引火的作用。

像木蹄层孔菌（*Fomes fomentarius*）的皮质组织一样，马勃菌可以在篝火上持续燃烧几小时，吓退野兽，从而给人类提供保护。对于居住在草原上几乎没有木材可用的人来说，这些真菌就是无价之宝。

新石器时代群落

英国奥克尼群岛斯卡拉布雷新石器时代遗迹的考古发掘证据表明，在新石器时代，住在那里的人类就已经使用成熟的马勃菌了。在被发现的粪堆或废弃物中，棕色的马勃菌——黑灰球菌（*Bovista nigrescens*）与骨头、贝壳、谷物和黏土混在一起，这种混合物经常被塞在石头缝隙之间构成隔离带，可能是为了抵御沿海风暴。

罗马人对马勃菌的使用方式

在英国诺森伯兰郡的文德兰达哈德良统治时期之前的遗址沉积物中发现了成熟的黑灰球菌（*Bovista nigrescens*）和浮雕马勃（*Calvatia utriformis*）标本，其历史可追溯至1900多年前。这些马勃菌很可能是因为它们的止血特性而被收集起来用于止血，未成熟的马勃菌则可以食用或在罗马游戏中当作乒乓球。

与桦拟层孔菌（*Fomitopsis betulina*）一样，马勃菌也可被用作止血剂，而未成熟的马勃菌则可以食用。火种可以在马勃菌中缓慢燃烧便于携带保存，因此在新石器时代，它们发挥着重要作用，可能与北美黑脚部落的做法不相上下。

在斯卡拉布雷发掘出的刻有神秘图案的石球，可能就代表着马勃菌，说明这些部落非常推崇这些真菌，类似于中美洲玛雅人的古代蘑菇石。

黑灰球菌
Bovista nigrescens

黑灰球菌的子实体几乎呈球形，幼时为白色，随着逐渐成熟而变成紫褐色。可以通过顶部明显的菌孔释放出孢子云。马勃菌的子实体通过单条菌索附着在基质上，菌索很容易断裂，导致子实体与基质分离后随风飘走。

木蹄层孔菌
Fomes fomentarius

第九章

改变医学的真菌

在人类文明中，使用真菌来治疗疾病的历史已有几千年。如今，许多主流药物背后都有真菌的影子，如从青霉素和其他常见抗生素到可以帮助降低胆固醇的药物，人们正在研究将它们作为某些癌症和精神健康疾病的潜在有效治疗药物的方法。

变色栓菌

Trametes versicolor

又名云芝。这种檐状菌的直径最大可达8厘米，在世界各地都很常见。它还有"火鸡尾巴"这样一个俗名，因为它的子实体呈扇形，与火鸡的尾巴相似。在中医中，它被用于治疗感染和炎症等。

除了在传统社群仪式中具有精神意义外，真菌还因其特有潜能，长期被人们认为具有治愈身心的能力。

小小真菌大用途

白桦茸

斜生纤孔菌（*Inonotus obliquus*）是一种生长在白桦树上的真菌，又称白桦茸，有时被称为"上帝的礼物"或"永生蘑菇"。几千年来，它一直受到中国、俄罗斯、韩国等国的推崇。这种真菌生长在北半球的北方森林中，寄生在活着的树上，生长出大量的菌丝，菌丝能够穿透树皮喷发出来。它们还具有典型的焦炭型外观，但这并不是该真菌的子实体，而是一种叫作菌核的真菌结构，其中含有许多对健康有益的化学物质，具有抗癌、抗炎、抗氧化和抗糖尿病的特性。菌核的粉末状提取物已用于制作茶、肥皂、乳液和精华液等。

灵芝

灵芝（*Ganoderma lucidum*）在传统中医药中至少已经使用了4000年。在传统中医学中，人们认为将灵芝研制成粉服用可以促进健康，特别是对治疗肝脏、肾脏、肺部疾病和改善失眠、胃溃疡和神经痛等有成效。据说，灵芝的提取物与面霜混合可以阻隔太阳光线的直射；从灵芝子实体中提取的油可以作为抗组胺药物涂抹在疣和斑点上，使皮肤舒缓放松。

香菇

香菇（*Lentinula edodes*）一般生长在已经死亡或濒临死亡的树干上，如栗树或橡树等。现在因其烹饪用途而广为人知，这种可食用菌在世界各地都有种植，通常在超市里有售。

然而几个世纪以来，因香菇具有治疗特性，也一直被广为种植，并在传统中医药中被大量使用。这种真菌中含有一种能增强免疫力的水溶性糖分子——香菇多糖。在传统中医药中，将干香菇磨成粉末，可用于治疗关节炎、高胆固醇、糖尿病，以及增强体力。

桦拟层孔菌

桦拟层孔菌（*Fomitopsis betulina*）的子实体含有抗菌的化学物质，具有抗肿瘤和抗炎的特性。人们在冰人奥茨（Otzi the Iceman）的新石器时代旅行工具包中发现过这种真菌。冰人奥茨是一位5000年前的新石器时代旅行者，他的冰封木乃伊尸体于1991年在奥茨塔尔阿尔卑斯山脉中被人发现。

像奥茨这样的旅行者可能已经掌握了把这种檐状菌贴在伤口上来止血的方法。结合其他药性，这种真菌可能是欧洲新石器时代医疗工具包中珍贵的组成部分：薄片状的真菌很可能被当作新石器时代的膏药，用于治疗划伤和一些更严重的伤口。也因其显而易见的抗炎特性，在传统做法中，这种真菌的子实体被用于制作提神茶和酊剂。

木蹄层孔菌
Fomes fomentarius

这种真菌生长在白桦、山毛榉和其他阔叶树的树干上，其子实体形状像马蹄。它的海绵状组织可以用来生火，因此也被称为火绒菌，还可以被用作皮革的替代物。

冬虫夏草

Ophiocordyceps sinensis

冬虫夏草是一种子囊菌。夏季，蝙蝠蛾幼虫在以草和小型植物的根部为食时，会被这种真菌侵染。真菌会慢慢吞噬幼虫，直到次年春天才从地下长出。

从幼虫头部长出的棒状子实体

僵化的蝙蝠蛾幼虫

冬虫夏草

线虫草属（*Ophiocordyceps*）是一类能感染昆虫和其他真菌的真菌。冬虫夏草（*Ophiocordyceps sinensis*）会感染蝙蝠蛾的幼虫，导致其死亡和僵化，然后在它的头部弹射出一种深色的棒状子实体。传统中药将冬虫夏草作为补品，人们认为其干燥后的提取物有助于阴阳调和。在中国古代，它仅供皇帝和皇家成员使用。如今，这种真菌因价值高而被过度采集，生存受到很大威胁。

木蹄层孔菌

木蹄层孔菌（*Fomes fomentarius*）可能是已知人类最早使用的药用真菌之一。传统上被用作火绒来生火，这种真菌的使用痕迹可追溯至8000多年前的中石器时代遗址，冰人奥茨也随身携带着它。5世纪时，医生希波克拉底（Hippocrates）曾描述过木蹄层孔菌具有烧灼止血的特性。后来它被称为"外科医生的蘑菇"，18世纪的奥地利农民使用这种蘑菇的薄片作为绷带，北欧的牙医和外科医生也用它来止血。据说在欧洲、西伯利亚和印度的民间医学中将它与碘结合使用，用作伤口的吸收敷料。

谁能想到，一块细菌培养皿上被霉菌污染的真菌会改变医学的进程呢？产红青霉菌却确确实实地做到了。

青霉素的故事

中央区域的青霉菌
（*Penicillium*）杀死
周围的细菌

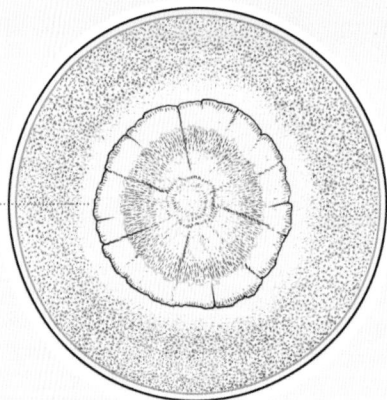

1928年

亚历山大·弗莱明（Alexander Fleming）度假回来后，发现他实验室里的细菌培养皿被一种真菌污染了，这种真菌似乎杀死了周围的细菌。

1928年

弗莱明的真菌学家同事查尔斯·拉图什（Charles La Touche）鉴别出了这种真菌。它后来被称为产红青霉菌（*Penicillium rubens*）。

1939年

霍华德·弗洛里（Howard Florey）和恩斯特·钱恩（Ernst Chain）率先开创了用青霉菌批量生产青霉素的技术。

1945年

到1945年，多罗西·霍奇金（Dorothy Hodgkin）证实了这种抗生素的化学结构。

近距离观察青霉菌

在显微镜下观察，可以看到青霉菌（*Penicillium*）的产孢体呈扫帚状，向外分枝，形成顶端膨大的分生孢子梗。

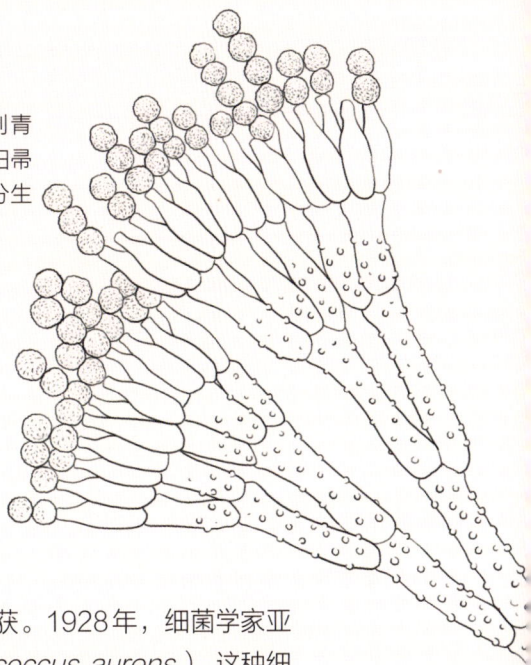

青霉素这种"神奇药物"的发现是非常意外的收获。1928年，细菌学家亚历山大·弗莱明正在研究金黄色葡萄球菌（*Staphylococcus aurens*），这种细菌会引起多种疾病，包括轻微的皮肤感染到肺炎等可危及生命的疾病。在度假回来后，他发现原本放在实验台上的几个细菌培养皿被一种真菌污染了。当意识到污染了金黄色葡萄球菌的真菌似乎杀死了周围的细菌时，他原本的沮丧一下子变成了好奇。

一个意外的奇迹

弗莱明对真菌知之甚少，所以他请真菌学家同事查尔斯·拉图什来帮忙看看这些培养皿。拉图什的实验室就在楼下，专门用来培养灰尘样本中的真菌。

很可能是来自拉图什实验室的孢子污染了弗莱明实验室的细菌培养皿。如果这两个实验室之间没有这么近，弗莱明没有把他的细菌培养皿忘在实验台上，那么医学史上最重要的抗生素可能永远不会被发现。

改变医学的进程

青霉素对葡萄球菌属（*Staphylococcus*）和其他在细胞壁中有大量肽聚糖（一种由糖和氨基酸组成的聚合物）的细菌特别有效。这种抗生素和参与形成肽聚糖交联的酶结合，能够阻止细菌细胞壁的正常形成，使细菌最终死亡。青霉素很快就被人们称为"神药"，为原本致命的疾病（如败血症）提供了治疗方法。然而，这些抗生素的大面积使用也导致了抗生素耐药菌的出现，给人类健康带来了真正的威胁。

人体会本能排斥细菌或病毒等"外来"物质，但这样的排斥反应也会导致人体排斥移植的器官。幸运的是，环孢素这种由真菌产生的药物可以帮助我们提高器官移植的成功率。

环孢素的故事

土壤真菌和昆虫杀手

肿弯颈霉（*Tolypocladium inflatum*）是一种在土壤和枯叶中广泛存在的子囊菌。在自然界中，这种真菌是分解者，但它也可以感染昆虫，包括金龟子幼虫。为了进行有性繁殖，这种真菌需要在昆虫宿主体内与另一个相兼容的真菌进行交配。作为病原体，肿弯颈霉利用自身产生的环孢素来抑制幼虫宿主的免疫系统，从而入侵宿主的组织，进行繁殖。

偶然的发现

科学家们一直在寻找由微生物产生的从未被发现过的新型化合物，希望可以用于医学上。这项研究通常需要筛查环境样本，例如工业污水，包括工业排放物以及土壤和水样。20世纪60年代末，瑞士的一家制药公司在收集土壤样本筛查新型抗生素时，在挪威的一份土壤样本中发现了一种真菌。这种真菌能产生许多有趣的化学物质，其中一种具有免疫抑制特性。这种真菌被命名为肿弯颈霉，它产生的化学物质被称为环孢素。

环孢素是如何起作用的

环孢素能够抑制某种称为T细胞的白细胞，是人体防御武器库的一部分。当它们在检测到外来物体，如入侵的微生物或他人的心脏或肾脏时，会刺激人体产生化学信号，从而触发防御反应以将其移除。环孢素可以阻止免疫系统产生这些化学信号，这对于患者器官移植后的治疗非常有帮助。

在环孢素问世之前，世界上很少有地方能够进行像器官移植这样复杂的手术，而且术后存活率非常低。这一切都因一种真菌而改变。

从太平洋红豆杉树中提取而来的紫衫醇是一种价值极高的抗癌药物。然而，它的提取过程既耗时又需要消耗大量红豆杉树皮或针叶。真菌是不是能给我们提供一些帮助呢？

抗癌的真菌

这些真菌为何产生紫杉醇

红豆杉树可以生长出许多侧枝，每长出一根侧枝，树皮上的裂缝处都可能会有病原体进入。在红豆杉树的内部组织中住着它的好朋友内生菌，如拟盾壳霉属（*Paraconiothyrium*）真菌，它们就像人类的免疫细胞一样，通过在伤口部位释放紫杉醇来识别和应对这些潜在威胁，从而保护红豆杉树不受侵害。内生菌这样做，既保护了自己的生态位，也延长了宿主的寿命。

人们在对太平洋红豆杉的树皮提取物进行筛选时，发现了一种可以对抗人类癌细胞的高毒性化合物。这种化合物因为提取自红豆杉树皮，所以被命名为红豆杉醇，又称紫杉醇。科学家们花费了好几年的时间才将其提纯，并确定了它的化学结构。紫杉醇的作用方式是破坏细胞分裂。正常情况下，当一个细胞开始分裂时，被称为微管的细丝（在细胞中起到骨架作用，使细胞具有结构）会断裂，然后再重新形成。然而，在紫杉醇的作用下，微管的生成量会增加，而额外生出的细丝就会抑制细胞的分裂过程。如果细胞不能分裂，它们就会发生程序性细胞死亡，即细胞凋亡，从而限制肿瘤的生长。

内生菌的拯救

人们对紫杉醇这种药物的需求量很高，却无法持续获得生产药物所需的足量红豆杉。因为红豆杉的生长极其缓慢，药物的提取过程也需要很长时间。科学家们发现，有一种内生菌生活在红豆杉树的组织中，也会产生紫杉醇。如果我们能够通过工业化规模生产培育这些真菌，就可以取代目前获得该药物的方法，也能够以相对较低的成本进行大量生产，而无须砍伐红豆杉，这样做也更加环保。

红豆杉芽萌芽处的紫杉醇

新芽从树皮中长出时，木腐菌（图中黄色部分）可以通过新芽形成的伤口进入树体中。树内的内生菌（蓝色部分）会对木腐菌感染树木时产生的化学信号（紫色部分）做出反应，释放紫杉醇（红色部分），从而阻止木腐菌的生长。

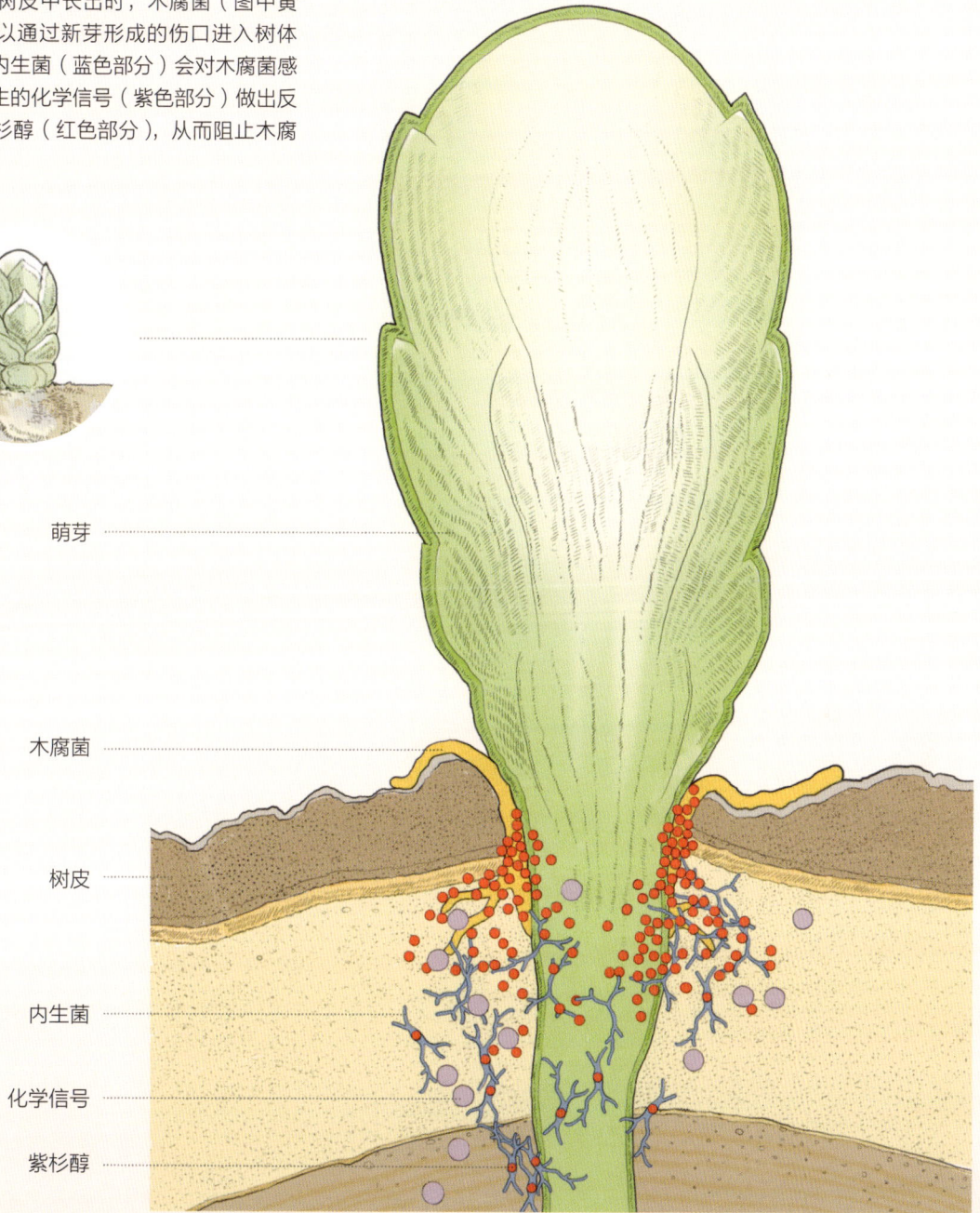

萌芽

木腐菌

树皮

内生菌

化学信号

紫杉醇

神秘的黑色麦粒取代了健康的麦粒，从而产生致命的致幻效果——麦角菌带来的混乱持续了几个世纪。但现代科学正在揭开它药用价值的面纱。

麦角菌与制药

麦角菌（*Claviceps purpurea*）是一种子囊菌，可以感染禾本科植物，并产生一种被称为麦角的奇特黑色结构来取代健康的谷物。麦角一词来源于法语argot，意为"公鸡的距"，因为麦角看起来就像公鸡脚上的距（凸起）。如果人类意外食用了麦角，会引起麦角中毒，使人变得虚弱，还可引发幻觉、坏疽甚至造成死亡。关于麦角的首次记载出现在约公元前600年的一块亚述泥板上，将其描述为"一种谷穗上的有害脓疱"。中世纪的农民在食用了被麦角菌污染的黑麦面包后，就遭受了所谓的"圣安东尼之火"的诅咒。传言，这种疾病甚至还与17世纪塞勒姆女巫审判案有关：一些历史学家认为，那些被认为施了巫术的人实际上是麦角中毒。今天，我们的粮食生产都有安全监管，因此很少再爆发麦角中毒这样的事件。

药用价值

尽管食用后会中毒，但麦角仍是被称为生物碱的珍贵化合物宝库，这些化合物由植物、真菌以及其他生物体产生。令人兴奋的是，麦角生物碱的结构与血清素等人体内的天然化学信息素神经递质相似。这意味着我们可以用它们来模仿人体内的化学信息素。到目前为止，它们已被用于治疗严重的偏头痛和控制帕金森病。从麦角研究中发现的最著名的一种化合物是致幻剂麦角酸二乙基酰胺（LSD），在管控条件下依法使用有望治疗某些精神健康疾病。

真菌为什么会产生麦角

麦角是真菌的"生存结构"，被称为菌核。许多真菌都会生成这种结构，用于保护自身免受干燥损害、避免紫外线损伤和微生物攻击，对于植物病原菌而言，这种结构还可以使它们在缺少合适的寄主植物的情况下保护自己。麦角菌产生的菌核能使真菌在土壤中存活过冬，直到春天来临，小草开始萌芽时，再次开始感染循环。

麦角的形成与传播

真菌感染了谷物幼株的花部后会产生大量无性孢子，这些孢子通过雨水飞溅和昆虫传播，引起进一步的感染。最后，孢子停止生产，形成了充满真菌组织的麦角，取代了原本的谷物。黑色的真菌结构与健康的谷物一起被采收，或掉到地上越冬，直到春天来临。

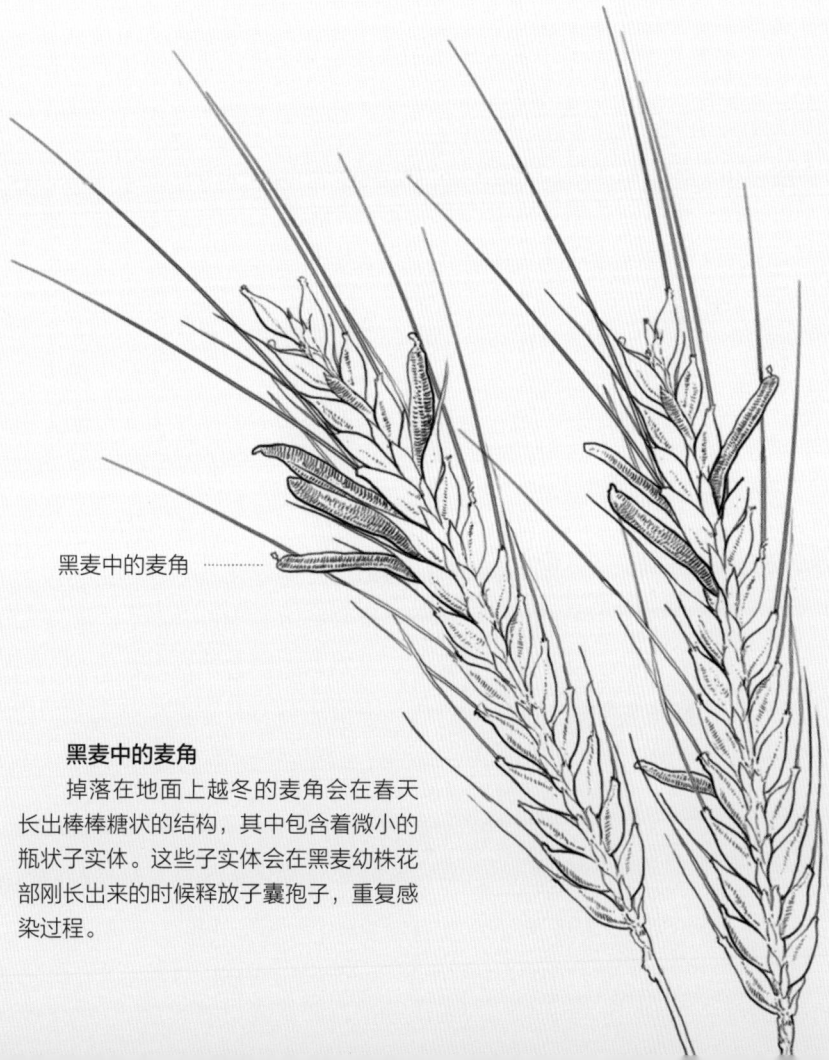

黑麦中的麦角 ⋯⋯⋯

黑麦中的麦角

掉落在地面上越冬的麦角会在春天长出棒棒糖状的结构，其中包含着微小的瓶状子实体。这些子实体会在黑麦幼株花部刚长出来的时候释放子囊孢子，重复感染过程。

半裸盖菇（*Psilocybe semilanceata*）长着与众不同的圆顶或尖顶菌盖，通常生长在未受干扰的草原地区。这种常见真菌是能够产生化合物裸盖菇素（又称赛洛西宾、裸头草碱）的几种真菌之一。裸盖菇素是一种精神活性化合物，能够彻底革新精神健康治疗。

裸盖菇素与精神健康

裸盖菇素是一种次生代谢物，也是一种作为防御性化学物质而生成的化合物。作为一种精神活性化合物，它可以影响大脑。一些研究人员认为，它能够在某些真菌与昆虫的相互作用中大显身手，改变昆虫宿主的行为，以便真菌传播其孢子。裸盖菇素也是由发现麦角酸二乙基酰胺的科学家发现的，它在被人体摄入后可以产生持续数小时的致幻效果，包括增强视觉和听觉感知，以及增加欣快感。它的作用原理就是与体内的神经递质血清素受体相结合，增强血清素的反应。血清素在提升我们的情绪和让我们感到快乐方面起着非常重要的作用。

医学研究

20世纪60年代，科学家们开始探索使用裸盖菇素治疗精神病和其他精神健康的方法。然而，出于娱乐需求而使用这种药物导致医学试验的中断。人们针对裸盖菇物种的采集、培养和使用制定了严格的法律，其中许多法律至今仍然有效。包括英国在内的几个国家目前将裸盖菇素列为A类毒品。采集、培养或食用这种真菌都是非法的。

五十年后，人们再次对在管控条件下个性化使用裸盖菇素治疗焦虑、抑郁和其他精神健康相关障碍产生了兴趣。我们仍有很多东西需要去了解，如裸盖菇素可能会产生的治疗效果，开具裸盖菇素处方的危险性以及不同剂量方案可能会产生的不同副作用。时间将会证明它的真正潜力。

半裸盖菇

Psilocybe semilanceata

　　这是产生神经活性药物赛洛西宾的真菌之一。

裸盖菇素的脑成像反应

　　功能磁共振图像（fMRI）可用于测量受到裸盖菇素作用影响的大脑关键区域之间血流的变化。这些图像显示，在药物的作用下（左下图），血液流量（红色阴影）减少，因此，与安慰剂（右下图）相比，大脑关键区域之间的活性和连接减少。人们认为正是这种连接的减少导致患者体验到不受限制的认知效果。

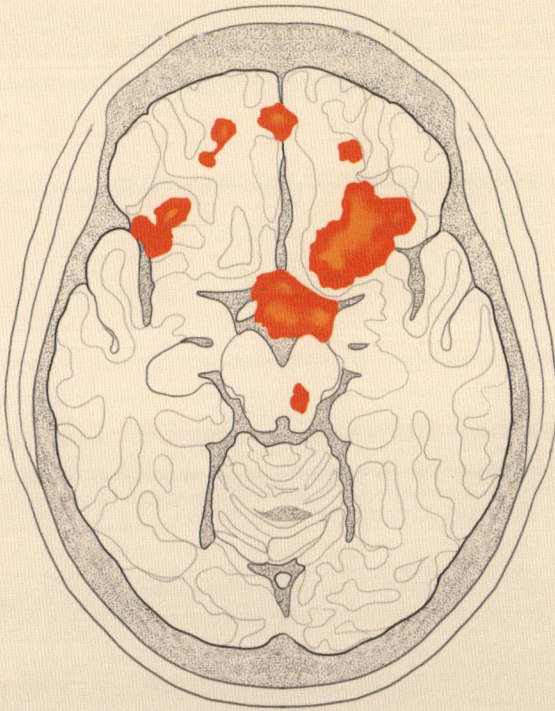

处在裸盖菇素作用下的大脑图像

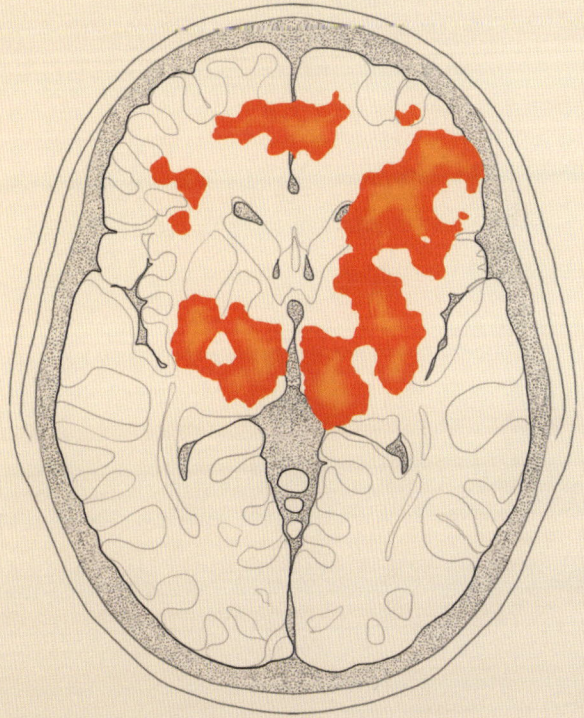

无裸盖菇素作用的大脑图像

　　胆固醇既存在于血液中，也存在于食物中，是细胞高效运作的基础，但过多的胆固醇会导致心血管疾病。幸运的是，真菌可以帮助我们控制胆固醇水平。

控制胆固醇的真菌

　　胆固醇是一种脂质，由被称为脂蛋白的蛋白质携带，在人体血液中不断循环。高密度脂蛋白（HDL）是"好的"，因为它们可以将胆固醇从体内清除，而低密度脂蛋白（LDL）则是"坏的"，因为它们会将胆固醇携带至人体各处。过多的LDL胆固醇会导致血管堵塞，降低血液流动量。因此，LDL胆固醇含量高的人更容易患心血管疾病。

寻找降胆固醇药物

　　20世纪70年代，受到弗莱明发现青霉素的启发，东京的研究人员开始了一项开创性的工作。他们筛选了数千种真菌培养物，来寻找一些化合物，抑制使肝脏产生胆固醇的生化途径。这些被称为他汀类药物的化合物由某些真菌产生，用来帮助真菌们抵御竞争者。他汀类药物与参与胆固醇合成的酶结合，以此阻止胆固醇的合成过程。第一种被发现的他汀类药物是由桔青霉（*Penicillium citrinum*）产生的康百汀（现称美伐他汀）。因为试验使用浓度过高，这种产品从未进入市场。不过，在20世纪70年代末，人们在土曲霉（*Aspergillus terreus*）中发现了第二种结构相似的真菌他汀类药物——洛伐他汀，到20世纪80年代末，它已经实现了商业化生产和销售。现在市场上许多他汀类药物都是通过合成的方式生产的，不过有些过程仍然需要使用真菌。如今，这些来自真菌的产品极大地改善了人们的生活，帮助人们缓解心血管疾病。

在研究人员开始寻找可以降低血液胆固醇水平并降低心脏病风险的化合物时，他们想到了真菌。

血红丝膜菌
Cortinarius sanguineus

第十章

真菌科技与未来

真菌在许多我们习以为常的日常生活中发挥着重要作用：为我们的衣服染色，为我们的家做清洁，为我们制造奶酪、葡萄酒和酱油……它们还可能是创造绿色未来的关键：为我们提供可持续的材料和工艺，提供新的建筑材料、包装和纸张，甚至降解塑料垃圾。

技术可以是任何将科学知识应用于实际用途的设备、方法或系统，真菌技术已经存在了几百年，但这一巨大资源仍未得到全面开发。

真菌技术

超级材料菌丝

菌丝体是丝状真菌的主体，由细小的菌丝网络构成，这种细小的菌丝网络被称为"超物质"。菌丝非常细，但也很强韧，具有耐水性，并且在受到压力时不易破裂，这归功于其细胞壁上的生物聚合物几丁质（见第16~17页）。如果菌丝聚集成群，协调一致，就能爆发出强大的力量，这就是为什么一些蘑菇可以穿透柏油路面，掀起铺路板而生长出来。有了合适的真菌和生长条件，科学家就可以操纵菌丝，让菌丝以复制某种选定材料的生长方式生长。例如，它可以用于制造建筑和包装可用的可持续材料（见第268~269页），或用于制作灯罩和其他家具。还可以种植真菌，来生产织物或作为皮革的替代品（见第270~271页），或种植出模仿肉类纤维的结构（见第272~273页）。

酵母和酶

单细胞微小真菌，如酿酒酵母（*Saccharomyces cerevisiae*），已经在酿酒和烘焙行业使用了几个世纪。因为酵母细胞是真核细胞，所以它们拥有将人类遗传物质转化为蛋白质所需的所有"加工机制"，这使它们适合生产胰岛素等药品。

　　将胰岛素基因克隆到一个叫作质粒的圆形 DNA 片段中，该基因会在酵母细胞中表达，这些酵母细胞就会产生人类胰岛素。酵母可用于生产肝炎疫苗和人血清白蛋白，这是一种治疗严重失血和烧伤所需的蛋白质。

　　真菌会产生多到惊人的一系列化学物质和酶来帮助它们分解有机物。这些化学物质和酶被用于工业领域，通常是比传统方法更环保的替代品。某些真菌产生的酶甚至能分解一次性塑料，且不会留下任何微塑料残留物，这一特性有可能为解决人类的有害垃圾问题提供帮助。

　　更重要的是，在真菌修复中可以使用某些真菌酶来帮助分解泄漏的石油、吸收铀和其他有毒化学物质，为重建绿色星球提供了巨大的潜力。

菌丝

　　如图所示，菌丝正从一个横截面尺寸为 2 厘米 × 2 厘米（此处未显示为同一比例）的木块上生长出来。这种特殊真菌的单个细丝聚集形成菌索，菌索具有良好的抗拉强度。菌丝具有许多特性，使其在真菌技术中具有重要价值，从肉类替代品到可降解织物都有菌丝的身影。

真菌可以在任何东西上生长，甚至是在垃圾上。菌丝可以在没有化学物质或高温的情况下大规模培养成任何形状或形态，如从建筑工业的砌块到各种定制包装。

材料新星——菌丝

鉴于以菌丝体为基础的材料具有生产环保和可生物降解的特性，它们逐渐成为那些致力于实现企业循环经济的行业的完美选择。除了绿色环保外，菌丝的优点还包括刚性、强度和阻燃特性，这得益于真菌细胞壁中的几丁质。真菌细胞的疏水蛋白也为菌丝赋予了防水性能。

未来属于真菌

设计师可以使用真菌生成的复合材料制作椅子、灯罩和其他手工产品以及服装（见第270~271页），并且这些都可完全生物降解，所以菌丝体被誉为"未来的超级材料"也就不足为奇了。每种产品的性能取决于生产过程、起始材料（真菌在何种材料上生长）和所使用的真菌种类。例如，木蹄层孔菌（*Fomes fomentarius*）生长在可生物降解的木材废料上，可用来制作椅子等物品。

用菌丝体制造的包装产品是塑料包装的替代品，也是一种碳中和的建筑材料，可以取代现有的复合材料。人们已经成功地在谷物和废料上种植出可食用的平菇（*Pleurotus ostreatus*）、木蹄层孔菌（*Fomes fomentarius*）和药用蘑菇灵芝（*Ganoderma lucidum*），创造出了强度、热量和电绝缘性能与传统建筑材料相似的真菌复合材料。

制作菌丝纸

桦拟层孔菌
Fomitopsis betulina

1.
许多生长在树上的檐状菌，如桦拟层孔菌（*Fomitopsis betulina*），都有纤维状的子实体，这些真菌可以用来造纸。

2.
将真菌子实体浸泡在水中，切成小块，然后浸软，搅拌，形成海绵状的类似棉花糖的混合物。

3.
将混合物倒在造纸框架表面，框架下放一个托盘，用于接收多余的水。在纸浆上放一张吸水纸，将造纸框架和吸水纸一起翻转，取走造纸框架。

4.
在新露出的一面上覆盖吸水纸，然后压缩整张菌丝纸。

5.
一旦大部分的水被吸水纸吸收，就可以用吹风机吹干菌丝纸。

6.
菌丝纸和木材制成的纸类似，但它是由几丁质制成的，而不是纤维素。

7.
不同的真菌会产生不同颜色的菌丝纸，这取决于它们产生的色素。

血红丝膜菌
Cortinarius sanguineus

这是一种非常独特的小蘑菇，有深红色的菌盖，幼时是凸面形，但随着年龄的增长逐渐变得扁平。细长的血红色菌柄有一个纤维状的菌幕（丝膜），这是该属的特征。血红丝膜菌通常与针叶树形成菌根共生关系。这种真菌的蘑菇可用来生产粉色、红色和紫色的染料。

真菌染料

地衣和其他真菌会产生许多不同的天然染料，几个世纪以来，这些染料一直用于给羊毛和丝绸等天然织物染色。栗褐暗孔菌（*Phaeolus schweinitzii*）能产生一系列的颜色；彩孔菌（*Hapalopilus rutilans*）会产生一种紫色染料；簇生垂幕菇（*Hypholoma fasciculare*，见第127页）可产生一种明黄色染料；鳞形肉齿菌（*Sarcodon imbricatus*）能产生蓝绿色的染料。

蘑菇、地衣和其他子实体因其鲜艳的颜色、独特的纹理、各种各样的形状和大小，几千年来一直激发着人类的灵感。而现在，真菌已经登上了秀场 T 台。

菌丝时装秀

菌丝体可以用来制造可持续材料，如皮革替代品和天然染料，从而促使世界各地的时装设计师转向这个迷人的真菌王国。例如，斯特拉·麦卡特尼（Stella McCartney）的"蘑菇是未来"系列就采用了由菌丝体皮革制成的奢华手袋。

菌丝材料
为了制作服装和其他时尚单品，菌丝需要生长在用某些纺织品和废料制成的模板上，长成一块尺寸完美又合身的菌丝毯。最终会形成一件无缝衣服，不需要切割，也不需要缝纫。因为没有缝份，所以不会产生织物浪费。真菌织物可以自然染色，先天具有柔韧性，而且可以完全自产自销。

几个世纪以来，罗马尼亚等东欧国家和北美洲一直在使用木蹄层孔菌（*Fomes fomentarius*）内部的海绵状物质，它可以制成一种天鹅绒般、类似皮革的材料，被称为火绒，可以用于制作帽子、包袋、腰带和其他衣服。如今，这种真菌在大型步入式温控培养器内的回收锯木屑上种植，成熟后收获子实体再进行加工。火绒具有天然抗菌性、良好绝缘性和轻便、柔韧的优势，是理想的可生物降解的纯素皮革替代品。

蘑菇由被称为菌丝的真菌丝状结构紧密排列组成，因此这些子实体具有独特的肉质质地。真菌蛋白也能作为大规模生产的肉类替代品。

肉类的替代品

几个世纪以来，蘑菇一直被用来为素菜增加肉质口感。直到20世纪60年代，人们才开始寻找其他的蛋白质来源，因为当时人们担心是否有足够的动物蛋白来满足全世界的需求。科学家们转向真菌界去寻找答案。他们尤其希望复制蘑菇中菌丝的排列方式，使它们拥有肉类口感。

人们开始寻找一种丝状真菌，满足可安全食用、可以在发酵罐中连续培养、产生类似肉的菌丝的要求。从世界各地收集的土壤样本中筛选出了3000多种真菌，最具潜力的是在英国海威科姆附近的一块田地中分离出来的一种子囊菌：威尼镰刀菌（*Fusarium venenatum*）。

健康益处

真菌蛋白含有所有人体必需的氨基酸，但脂肪含量低，不含胆固醇，因此成了肉类的低热量替代品。作为健康的生活方式的一部分，真菌蛋白被认为有助于降低坏胆固醇。每周用真菌蛋白替代一顿肉食还可以减少温室气体的排放，有助于保护环境。

真菌蛋白的生长

1.

威尼镰刀菌需要在防止菌丝过度分枝、产生均匀菌丝的条件下生长。

2.

这一过程要在大型气升式发酵罐中进行，发酵罐内会喷出气泡式的空气。应避免使用机械搅拌式发酵罐，因为搅拌式发酵罐会损坏菌丝。

3.

在菌丝的成长过程中，我们使用移动床过滤器不断采集菌丝，使菌丝的排列方式最接近肉的质地。

4.

最初采集到的菌丝就像生的油酥面团。

5.

加工处理去除核糖核酸（RNA）后，加入鸡蛋或琼脂，将菌丝黏合在一起，使真菌蛋白具有肉质质地。此时就可以添加调味料了。

6.

糊状物经过调味后再加热，使其凝固。冷却后，根据产品要求切成所需形状。

7.

冷冻该产品，冰晶开始聚集，迫使菌丝堆积在一起，从而增强肉质质地。

8.

菌丝可连续收获约一个月的时间，直到菌丝分枝过多。然后，用新的接种物开始新一批生产。

你可能知道酵母在面包烘焙、啤酒和葡萄酒的发酵中发挥作用，你还可能听说过菌丝可用来生产素肉。但是，真菌在食品制造中的作用会远远超出了你的想象。

用于食物生产的真菌

真菌与食物的关系远非仅限于我们日常食用的香菇、平菇和人工栽培的双孢蘑菇等。在乳制品生产中，真菌不仅参与软质奶酪的成熟过程，更是蓝纹奶酪独特风味、质地和颜色形成的决定性因素。真菌还参与发酵过程，在酱油、印尼豆豉、开菲尔酸奶酒、康普茶、味噌，甚至咖啡豆的发酵过程中都扮演着不可或缺的角色。此外，真菌还参与生产用于稳定碳酸饮料的柠檬酸，又在巧克力的生产中承担关键功能。

菌丝与巧克力

热带植物可可树一年四季都会在树枝上开出一簇簇精致的粉红色花朵。这些花由昆虫授粉，之后结出豆荚状的果实。有些可可树每年可以结出50多个可可豆荚，每个豆荚里的种子足够生产一条100克的巧克力。某些真菌与可可树共生，帮助树木生长。如果没有菌根真菌，可可树结出的可可豆荚会减少。此外，微小的酵母菌也有助于可可种子的发酵，赋予巧克力独特的风味。

真菌在巧克力生产中的作用

菌根真菌作为共生真菌，为可可树提供水和营养物质，帮助它生长

1.

菌根真菌，包括无梗囊霉属（*Acaulospora*）、巨孢囊霉属（*Gigaspora*）和球囊霉属（*Glomus*），都与可可树形成互利的伙伴关系，为其提供水和营养，以交换在光合作用中产生的植物糖。

2.

真菌对巧克力的风味也有影响。酿酒酵母（*Saccharomyces cerevisiae*）、东方伊萨酵母（*Issatchenkia orientalis*）和马克斯克鲁维酵母（*Kluyveromyces marxianus*）等酵母菌在苦可可种子周围的甜果肉发酵过程中发挥了至关重要的作用。

3.

酵母菌会分解果肉中包括果胶在内的糖分，产生一种汁液，沥干后，种子之间会留下间隙，便于氧气进入。

4.

酵母菌为需氧菌的工作提供了完美的环境。这种细菌会分解酵母发酵产生的副产品——乙醇。

酵母菌对种子周围的果肉进行发酵

5.

酵母菌会产生不同风味的化合物，赋予巧克力独特的口味。这些风味通常与生产地区密切相关。

6.

如果没有菌根真菌和微小的酵母菌的合作，我们熟知的巧克力就不会存在。

　　真菌通过分泌多种酶来分解枯叶等有机物质，以维持其生长所需。这些酶不仅可以实现规模化生产，更在从时尚单品到洗涤剂等多个领域展现出许多巧妙且令人惊讶的用途。

家用品里的真菌

制作石洗牛仔布

石洗牛仔布在20世纪80年代开始流行，需要用浮石机洗牛仔布。磨砂浮石可以去除织物中的一些染料颗粒。然而，石洗步骤并不统一，石头经常磨坏机器和织物。此外，石洗工艺结束后，如何去除里面的浮石也是一大难题。如今，使用一种能够释放染料色素的酶就能分解牛仔布中的纤维素纤维，实现石洗的效果。里氏木霉（*Trichoderma reesei*）这种真菌就能产生纤维素酶，并且这种工艺更环保。

环保真菌酶

真菌可以在廉价的材料上生长，包括植物和动物粪便，并产生大量有用的酶。这些酶是加快化学反应的生物催化剂。有几种真菌酶已实现商业化，用于食品、乳制品、纺织品、纸品、洗涤剂、药品、动物饲料和生物燃料等行业的生产。真菌酶比化学催化剂更环保，因为它们的反应过程不涉及腐蚀性反应物、高温或高压。反应的副产品往往也是无毒的。

纤维素酶和淀粉酶

一组被称为纤维素酶的真菌酶可分解植物细胞壁的主要成分——纤维素。这些真菌酶在工业上有一个重要应用，即制作石洗牛仔裤。

大约90%的家用洗涤剂都含有真菌淀粉酶，它可以将淀粉分解成糖。真菌脂肪酶（分解脂肪）和真菌蛋白酶（分解蛋白质）也被广泛应用于家用产品中。这些酶由真菌产生，例如曲霉属（*Aspergillus*）和根霉属（*Rhizopus*）。

真菌酶在洗涤剂中的应用

从一个环境样本中提取
不同真菌的培养基

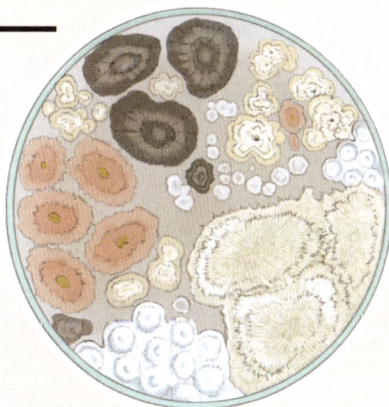

1.
从环境样本里筛选能产生大量对洗涤剂工业有价值的酶的真菌。这些酶包括蛋白酶（去除蛋白质污渍）、脂肪酶（去除脂肪污渍）和淀粉酶（去除淀粉污渍）。

2.
最具工业应用前景的真菌会被放在琼脂培养基上培养，形成单个菌落。之后将长势最好的菌株移至一个摇瓶中单独生长，同时测量酶的水平。

3.
如果发现能产生大量酶的真菌培养物，这些真菌培养物会被置于小型生物反应器中培养，测试它们在较大规模下的表现。然后，研究人员会进行一次运行测试，为酶的生产做好准备。

4.
真菌培养物会在大型发酵罐中的最佳生长条件下生长，以产生更多的酶。

5.
最后可以收获培养基，纯化这些酶，随时准备用于工业应用。

害虫会对农作物造成破坏，但我们试图控制害虫的方法也可能破坏农作物。幸运的是，某些真菌已被证明能有效消灭部分害虫，并且其对环境的副作用要比其他方法小得多。

防治害虫的真菌

多年来，化学品一直被用来控制作物虫害。化学物质擅长杀灭害虫，但可能对环境、人类和其他被波及的生物有害。害虫也会对化学物质产生抗性，导致消除它们变得更加困难。还有一种方法是生物防治，是利用真菌等微生物来控制害虫，而不是靠化学物质。

害虫防治

蝗虫等害虫会给全世界的农作物造成严重损失，使用昆虫病原真菌（见第88~89页）杀死害虫是一种安全且更环保的方法，可替代有毒的化学物质，因为它们不影响非目标生物。这些杀虫真菌，诸如球孢白僵菌（*Beauveria bassiana*）、毒蝇蜡蚧霉（*Lecanicillium muscarium*）和金龟子绿僵菌（*Metarhizium anisopliae*）等可以大规模生产，并已被用作商业生物防治剂。使用前需要将孢子与粉末"载体"和其他成分混合，通常设计成喷雾剂使用。

杂草防治

真菌是植物的病原体，可以用来杀死杂草——只要所选择的真菌仅能杀死特定的目标杂草就行。

例如，硬茎的入侵粉苞菊对北美洲和澳大利亚的灌溉农田、小麦种植区和牧场都造成了威胁。可以用粉苞苣柄锈菌（*Puccinia chondrillina*）来控制这种杂草。这一病原体的宿主范围有限，意味着它只会杀死这种杂草，而不影响其他禾本科植物和作物。

内部工作

生活在植物细胞内的真菌可作为防治植物病原体的生物防治剂。例如，胶孢炭疽菌（*Colletotrichum gloeosporioides*）生活在健康的可可叶中，通过限制入侵者的生长，减少由可可链疫孢荚腐病菌（*Moniliophthora roreri*）这种担子菌引起的冷冻荚腐病。这可能是因为它会与病原体争夺空间，或者因为它产生的化合物限制了病原体的生长。

入侵粉苞菊

生物防治

粉苞苣柄锈菌（*Puccinia chondrillina*）是担子菌中的一种柄锈菌，可用作防治入侵粉苞菊的生物控制剂。这种真菌会感染入侵粉苞菊，在叶子和茎上产生锈色病斑，影响光合输出，致其枯萎。

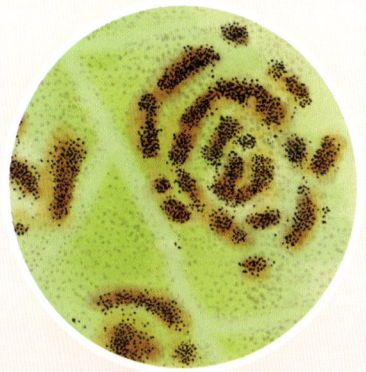

真菌或许能帮助我们解决废弃物危机。在一种称为真菌修复的过程中，真菌释放的酶有可能分解几乎所有形式的废弃物——从浮油、辐射物质、有毒化学物质到一次性塑料。

让地球重焕生机

处理塑料垃圾

如果以我们目前的速度继续使用塑料，海洋中的塑料很快就会比鱼类更重。幸运的是，某些真菌可以帮助解决这一问题。研究表明，来自巴基斯坦一个垃圾场的塔宾曲霉（*Aspergillus tubingensis*）可以分解用于冰箱隔热的聚氨酯。从腐烂植被上发现的简青霉（*Penicillium simplicissimum*）可以分解购物袋等一次性塑料中的聚乙烯。还有一些研究人员正在评估真菌是否有助于分解防护面罩和手套。

清除有害垃圾

同位素铀-235作为核电站的燃料之一，当它在一场战斗之后归于土壤时，污染可能会长期存在，威胁人类健康。但是，菌根真菌和土壤中常见的真菌可以帮助清理这些危险沉积物，降低其活性，或者使用菌丝捕获和定位它们。

过去、现在和未来

4.5亿年前，真菌在帮助植物在土地上生存发挥了重要作用。今天，超过90%的植物依赖与真菌伙伴的密切联系来获得水、养分和其他好处。腐生菌创造了最早的陆地土壤，并且至今仍然是地球上最优秀的死亡有机物回收者之一，为植物和其他生物体释放出宝贵的营养物质。没有真菌，我们的星球将无法正常运转，我们所熟知的一切生命也将不复存在。

受污染的土地上的平菇

一项小规模实验表明，当将平菇（*Pleurotus ostreatus*）菌丝接种到被柴油烃污染的土壤中时，真菌就开始降解它们。在16周内，这些潜在有毒化合物在土壤中的含量已经降低了50倍，确保土壤可以安全使用于园林绿化中。

拓展阅读中，为您推荐真菌相关的书目，并按章节为您分享涵盖特定主题的参考资源。

拓展阅读资源

引言　真菌是什么

Boddy L & Coleman M (2010) *From Another Kingdom: the Amazing World of Fungi*. Royal Botanic Garden Edinburgh.

O'Reilly P (2022) *Fascinated by Fungi*. Coch-y-Bonddu Books Ltd.

Piepenbring M (2015) *Introduction to Mycology in the Tropics*. The American Phytopathological Association, USA.
A well-illustrated, straightforward introduction to fungal biology. Many examples are of tropical fungi, but the concepts are relevant to all areas.

Pouliot A (2018) *The Allure of Fungi*.
CSIRO Publishing.

Roberts P & Evans S (2011) *The Book of Fungi*.
Ivy Press.

Seifert K (2022) *The Hidden Kingdom of Fungi: Exploring the Microscopic World in Our Forests, Homes, and Bodies*. Greystone Books.

Sheldrake M (2021) *Entangled Life: How Fungi Make Our Worlds, Change Our Minds, and Shape Our Futures*. Bodley Head.

相关书目

Boddy L (2021) *Fungi and Trees: their Complex Relationships*. The Arboriculture Association, Stroud.
Contains a basic description of fungal biology, with a plethora of examples of fungi associating with living trees and dead wood.

Kendrick B (2017) *The Fifth Kingdom: An Introduction to Mycology*. Hackett Publishing Company, Inc.
(4th edition).

Moore D, Robson GD & Trinci APJ (2020) *21st Century Guidebook to Fungi*. Cambridge University Press.

Watkinson SC, Boddy L & Money NP (2015) *The Fungi*. Academic Press.

第一章　神奇的真菌世界

Nagy LG et al. *Fungal Tree of Life: Macroscopic Diversity of Fungi*. group.szbk.u-szeged.hu/sysbiol/nagy-laszlo-lab-poster.html
A downloadable poster. Further information on: The rise of kingdom

fungi pp.12–13; Who belongs to kingdom fungi? pp.14–15.

Puginier C, Keller J & Delaux P-M (2022)
Plant–microbe interactions that have impacted plant terrestrializa-tions. *Plant Physiology*, 190, 72–74. doi: 10.1093/plphys/kiac258.

Further information on: Ancient plant partners pp.28–29.

Stephenson SL & Stempen H (2000) *Myxomycetes: a Handbook of Slime Moulds*. Timber Press.

Strullu-Derrien C et al. (2018) The origin and evolution of mycorrhizal symbioses: from palaeomycology to phylogenomics. *New Phytologist*, 220, 1012–1030.

Further information on: Ancient fungi pp.26–27; Ancient plant partners pp.28–29.

Watling R (2010) The hidden kingdom. In: Boddy L & Coleman M, pp.24–33.

Further information relevant to many of the spreads in this chapter.

Wu B, Hussain M, Zhang W, Stadler M, Liu X & Xiang M (2019) Current insights into fungal species diversity and perspective on naming the environmental DNA sequences of fungi. *Mycology*, 10(3):127–140. doi: 10.1080/21501203.2019.1614106.

Further information on: What's in a name? pp.22–23; How many fungi are there? pp.24–25.

第二章　真菌的生存智慧

Aleklett K & Boddy L (2021) Fungal behaviour: a new frontier in behavioural ecology. *Trends in Ecology and Evolution*. 36(9):787–796. doi: 10.1016/j.tree. 2021.05.006.

Further information on: Mycelium senses pp.40–41; Fungal behaviour and memory pp.42–43.

Watkinson SC, Boddy L, & Money NP (2015) *The Fungi*. Academic Press.

Further information relevant to many of the spreads in this chapter.

第三章　真菌的共生生物

Boddy L (2021) Beneficial relationships between fungi and trees. In: Boddy, pp.66–83.

Further information on: Fungal partnerships with plants pp.60–61; Wood wide web pp.62–63; Hidden fungi: endophytes pp.68–69; Lichens pp.70–71.

Boddy L (2021) Fungi that harm trees. In: Boddy, pp.124–151.

Further information on: Altering our green landscape pp.78–79; Emerging fungal diseases pp.80–81.

Boddy L (2021) Interactions among tree-associated fungi and with other organisms. In: Boddy, pp.124–151.

Further information on: Partnering with invertebrates pp.82–83; Eat or be eaten pp.86–87; Fungal partnerships with birds and mammals pp.84–85; Fungi and bacteria pp.100–101; Fungus wars pp.102–103.

Boddy L (2015) Interactions between fungi and other microbes. In Watkinson et al., pp.337–360.

Further information on: Fungi and bacteria pp.100–101; Fungus wars pp.102–103.

Boddy L (2015) Interactions with humans and other animals. In Watkinson et al., pp.293–336.

Further information on: Partnering with invertebrates pp.82–83; Eat or be eaten pp.86–87; Mummies and zombies pp.88–89; Amphibian and mammal killers pp.90–91; Fungal allergens pp.94–95; Fungal toxins pp.96–97; Human diseases caused by fungi pp.98–99.

Boddy L (2015) Pathogens of autotrophs. In Watkinson et al., pp.245–292.

Further information on: Fungus diseases and crops pp.72–73; Saving the banana pp.74–75; The gardener's nightmare pp.76–77; Altering our green landscape pp.78–79; Emerging fungal diseases pp.80–81.

Boddy L (2014) Soils of war. *New Scientist* 224, 42–45.

Further information on: Mummies and zombies pp.88–89; Fungus wars pp.102–103.

Boddy L, Dyer P & Helfer S (2010) Plant pests and perfect partners. In: Boddy L & Coleman M, pp.51–65.

Further information on: Fungal partnerships with plants pp.60–61; Wood wide web pp.62–63; Plant cheaters pp.64–65; Lichens pp.70–71; Hidden fungi: endophytes pp.68–69; Fungus diseases and crops pp.72–73.

Cui L, Morris A, & Ghedin E (2013) The human mycobiome in health and disease. *Genome Medicine* 5, 63. doi: 10.1186/gm467

Further information on: The human mycobiome pp.92–93.

Combes M, Weber JF, & Boddy L (2022) So what is ash dieback?

Small Woods, Summer, 14–16.
Further information on: Emerging fungal diseases pp.80–81.

Deveau A et al. (2018). Bacterial–fungal interactions: ecology, mechanisms and challenges. *FEMS Microbiology Reviews*, 42(3), 335–352.
Further information on: Fungi and bacteria pp.100–101.

Elliott TF, Jusino MA, & Vernes K (2020) Ornithomycology: an overlooked field of study. The ecological significance of symbiotic associations between birds and fungi. bou.org.uk/blog-elliott-ornithomycology/
Further information on: Fungal partnerships with birds and mammals pp.84–85.

Evans HC & Boddy L (2010) Animal slayers, saviours and socialists. In: Boddy L & Coleman M, pp.67–81.
Further information on: Partnering with invertebrates pp.82–83; Mummies and zombies pp.88–89.

Fisher MC et al. (2012) Emerging fungal threats to animal, plant and ecosystem health. *Nature* 484, 186–194.
Further information on: Emerging fungal diseases pp.80–81.

Hiscox JA, O'Leary J, & Boddy L (2018) Fungus wars: basidiomycete battles in wood decay. *Studies in Mycology* 89, 117–124.
Further information on: Fungus wars pp.102–103.

Kolmer JA, Ordonez ME, & Groth JV (2009). The Rust Fungi. In: *Encyclopedia of Life Sciences* (ELS). John Wiley & Sons. doi: 10.1002/9780470015902.a0021264
Further information on: Fungus diseases and crops pp.72–73.

Kumar P, Mahato DK, Kamle M, Mohanta TK, & Kang SG (2017). Aflatoxins: A Global Concern for Food Safety, Human Health and Their Management. *Frontiers in Microbiology*, 7. doi: 10.3389/fmicb.2016.02170
Further information on: Fungal toxins pp.96–97.

Lucas JA (2020) *Plant Pathology and Plant Pathogens*. John Wiley & Sons.
Further information on: Fungus diseases and crops pp.72–73; The gardener's nightmare pp.76–77.

Oldridge SG, Pegler DN, & Spooner BM (1989) *Wild Mushroom and Toadstool Poisoning*. Royal Botanic Gardens, Kew.
Further information on: Fungal toxins pp.96–97.

Purvis W (2000) *Lichens*. Smithsonian.
Further information on: Lichens pp.70–71.

Rodriguez RJ, White JF, Arnold AE, & Redman RS (2009) Fungal endophytes: diversity and functional roles. *New Phytologist*, 182, 314–330. doi: 10.1111/j.1469-8137.2009.02773.x
Further information on: Fungal partnerships with plants pp.60–61; Wood wide web pp.62–63; Plant cheaters pp.64–65.

Smith SE & Read DJ (2008) *Mycorrhizal Symbiosis*. Elsevier.
Further information on: Fungal partnerships with plants pp.60–61; Wood wide web pp.62–63; Plant cheaters pp.64–65.

Watkinson SC (2015) Mutualistic symbiosis between fungi and autotrophs. In: Watkinson et al., pp.205–243.
Further information relevant to: Fungal partnerships with plants pp.60–61; Wood wide web pp.62–63; Hidden fungi: endophytes pp.68–69.

Watling R (1995) *Children and Toxic Fungi: The Essential Medical Guide to Fungal Poisoning in Children*. Royal Botanic Garden Edinburgh.
Further information on: Fungal toxins pp.96–97.

第四章　真菌的生态危机

以下是与本章内容有关的拓展参考信息。

Boddy L (2021) Environmental change. In: Boddy pp.226–251.

Boddy L (2015) Fungi, ecosystems, and global change. In: Watkinson et al., pp.361–400.

Boddy L et al. (2014) Climate variation effects on fungal distribution and fruiting. *Fungal Ecology* 10, 20–33.

Minter D (2010) Safeguarding the future. In: Boddy L & Coleman M, pp.143–153.

Vellinga EC, Wolfe BE, & Pringle A (2009) Global patterns of ectomycorrhizal introductions. *New Phytologist*, 118, 960–973.

第五章　去野外，寻找真菌

Anderson P (2021) Grasslands and CHEGD Fungi. cieem.net/grasslands-and-chegd-fungi/
Further information on: Ancient grasslands pp.140–141.

Bechara TJH (2015) Bioluminescence: A fungal nightlight with an internal timer. *Current Biology*, 25(7), R283–R285.
Further information on: Fungi that glow pp.124–125.

Boddy L (2021) *Fungi and Trees: their Complex Relationships*. The Arboriculture Association.
Further information on: Signs of forest fungi pp.118–119; Signs in rotting wood and leaves pp.120–121; Ancient or managed forests pp.126–127; Ageing trees pp.130–131; Decaying branches pp.132–133; Woodland rings pp.136–137.

Dix NJ & Webster J (1995) Phoenicoid fungi. In: *Fungal Ecology*. Chapman & Hall.
Further information on: Fire-loving fungi pp.146–147.

Fox S et al. (2022) Fire as a driver of fungal diversity – A synthesis of current knowledge, *Mycologia*, 114(2), 215–241. doi: 10.1080/00275514.2021.2024422.
Further information on: Fire-loving fungi pp.146–147.

Green et al. (2011) Extremely low lichen growth rates in Taylor Valley, Dry Valleys, continental Antarctica. *Polar Biology* 35, 535 541.
Further information on: Antarctica and the Arctic pp.156–157.

Griffith GW & Roderick K (2008) Saprotropic basidiomycetes in grasslands. In: Boddy L, Frankland JC, & Van West P (eds) *Ecology of Saprotrophic Basidiomycetes*. Academic Press.
Further information on: Ancient grasslands pp.140–141.

Kuo H-C et al. (2014) Secret lifestyles of *Neurospora crassa*. *Scientific Reports*, 4, 5135. doi: 10.1038/srep05135.
Further information on: Fire-loving fungi pp.146–147.

Lodge DJ & Cantrell S (1995) Fungal communities in wet tropical forests; variation in time and space. *Canadian Journal of Botany*, 73. doi: 10.1139/b95-402.
Further information on: Tropical rainforests pp.128–129.

Newsham et al. (2021) Regional diversity of maritime Antarctic soil fungi and predicted responses of guilds and growth forms to climate change. *Frontiers in Microbiology*, 11, 615659. doi: 10.3389/fmicb. 2020. 615659.
Further information on: Antarctica and the Arctic pp.156–157.

Putzke J et al. (2011) Agaricales (Basidiomycota) fungi in the South Shetland Islands, Antarctica. In INCT-APA Annual Activity Report Science Highlights Thematic Area 2. doi: 10.4322/apa.2014.065.
Further information on: Antarctica and the Arctic pp.156–157.

Spooner B & Roberts P (2005) Dunes and heathland. In: *Fungi*. Collins, pp.290–307.
Further information on: Sand dunes pp.154–155.

Spooner B & Roberts P (2005) Freshwater. In: *Fungi*. Collins, pp.308–329.
Further information on: Freshwater fungi pp.150–151; Marshy habitats pp.148–149.

Spooner B & Roberts P (2005) Grass and grassland. In: *Fungi*. Collins, pp.213–234.
Further information on: Grassland: fairy rings pp.138–139; Ancient grasslands pp.140–141; Gardens and lawns pp.142–143.

Spooner B & Roberts P (2005) Marine and salt marsh. In: *Fungi*. Collins, pp.330–348.
Further information on: Seas and oceans pp.152–153.

Spooner B & Roberts P (2005) Specialised natural habitats. In: *Fungi*. Collins, pp.349–392.
Further information on: Herbivore dung pp.144–145; Fire-loving fungi pp.146–147; Antarctica and the Arctic pp.156–157; Caves and mines pp.158–159.

网络资源

Fungi in Svalbard (2018). Learning Arctic Biology website. learningarcticbiology.info/learning-arctic-biology/species-and-adaptations/fungi/fungi-in-svalbard/
Further information on: Antarctica and the Arctic pp.156–157.

Rainforest. education.nationalgeographic.org/resource/rain-forest
Further information on: Tropical rainforests pp.128–129.

Rainforest canopy structure. rainforests.mongabay.com/0202.htm
Further information on: Tropical rainforests pp.128–129.

Wax cap grassland fungi – a guide to identification and management. PlantLife https://www.plantlife.org.uk/wp-content/uploads/2023/03/Waxcaps_GrasslandFungiGuideManagement.pdf
Further information on: Ancient grasslands pp.140–141.

第六章　你好，真菌家族

本章展示的形态分类群基于 Læssøe & Petersen (2019) 的描述。他们的鉴别指南以温带欧洲的真菌为基础，但这些形态分类群在全球范围内适用。然而，不同地区通常会发现不同的真菌物种，因此使用适合您所在地区的文献至关重要。通常来说，加入一个由专家运营的本地真菌学团体是学习鉴别真菌的好方法。比如英国真菌学会（British Mycological Society）和北美真菌学会（North American Mycological Society），都可以提供有关本地团体和其他教育资源的信息，它们通常都有自己的社交媒体群，有时还会提供显微镜观察和染色技术等的建议，带领大家进行物种鉴别。此资源列表并非详尽无遗，我们不对任何特定产品进行背书，也无法对其安全性或准确性进行担保。

鉴别指南

Buczacki S (2012) *Collins Fungi Guide*. Collins.

Humphries D, Wright C (2021) *Fungi on Trees: A Photographic Reference*. The Arboriculture Association.

Læssøe T & Petersen JH (2019) *Fungi of Temperate Europe*. Volumes 1 and 2. Princeton University Press.

Phillips R (2006) *Mushrooms*. Pan.

网络资源

British Mycological Society. britmycolsoc.org.uk

Educational resources, information on fungal conferences, details of some local fungus groups.

British Mycological Society Facebook group. facebook.com/groups/18843741618

Colour chart. mycokey.com/MycokeyDK/DKkeysPDFs/DanishMycologicalSocietycolourchart.pdf

Petersen JH. 1996. The Danish Mycological Society's Colour-chart. Downloadable PDF of a colour chart used for fungus identification and naming.

Cornell mushroom blog blog.mycology.cornell.edu/

A place to seek help with in-depth identifications.

First Nature. first-nature.com

Detailed descriptions of a wide range of fungi common in Europe and, to some extent, North America.

Fungi Education. fungieducation.org/

An introductory resource covering a range of topics, including educating children about fungi.

Fungi of Great Britain and Ireland. fungi.myspecies.info/

Source of literature, projects, and a wide range of information.

Global Biodiversity Information Facility. gbif.org/species/5

Global maps of distribution of many species.

这种资源可与其他资源结合使用，来提供物种分布信息。但需要注意的是，数据库的内容依赖于记录者的输入，而他们的物种鉴别结果可能并不完全准确。此外，不同来源的信息有时也可能存在不一致的情况。

iNaturalist.org. inaturalist.org/

A place for keeping and browsing records, getting help with identifications, and communicating with others.

Index Fungorum. indexfungorum.org/names/names.asp

Provides the most up-to-date names of fungi, and synonyms.

iSpot Nature. ispotnature.org.

A place for keeping and browsing records, getting help with identifications, and communicating with others.

Mushroomexpert.com. mushroomexpert.com/

Contains information for studying and identifying fungi.

MycoBank. mycobank.org

An online database for the mycological community.

Mycological Society of America online teaching resources. msafungi.org/website-and-useful-resources

Contains a range of educational resources, including video links.

MycoWeb mykoweb.com/

Contains a range of educational resources, including descriptions of North American fungi.

North American Mycological Association. namyco.org

A broad-ranging resource including educational material and details of associated clubs.

SciStarter Citizen science blog. blog.scistarter.org/2022/08/the-largest-ever-fungi-bioblitz-is-here/

Contains information on citizen science projects in North America.

Species Fungorum. speciesfungorum.org/

A global database of current species names and their relationships to older names.

The Fungarium Kew. kew.org/science/collections-and-resources/collections/fungarium

Contains information on Kew's extensive collection of fungi and how to access it.

Tom Volks mushrooms. botit.botany.wisc.edu/toms_fungi/

Educational resource by the renowned American mycologist and educator, the late Tom Volks.

UK Fungus Day. ukfungusday.co.uk/

An annual celebration of fungi; the website offers a pointer to autumn events and attractions.

第七章　美味的真菌史

以下是与本章内容有关的拓展参考信息。

Hickey P (2010) Growing edible fungi. In: Boddy L & Coleman M (eds) *From Another Kingdom: the Amazing World of Fungi*, pp.121–129. Royal Botanic Garden Edinburgh.

Stamets P (1996) *Growing Gourmet and Medicinal Mushrooms*. Ten Speed Press.

第八章　蘑菇的故事

以下是与本章内容有关的拓展参考信息。

Harding P (2008) *Mushroom Miscellany*. Collins.

Kiernan H (2010) Fungal monsters in Science Fiction. In Boddy L & Coleman M, pp.105–119.

Rutter G (2010) Fungi and humanity. In Boddy L & Coleman M, pp.93–103.

Spooner B & Roberts P (2005) Folklore and Traditional use. In: *Fungi*. Collins, pp.454–475.

第九章　改变医学的真菌

以下是与本章内容有关的拓展参考信息。

Atila F, Owaid MN, & Shariati MA (2021) The nutritional and medical benefits of *Agaricus bisporus*: A review. *Journal of Microbiology, Biotechnology and Food Sciences*, 7, 281–286.

Lowe H et al. (2021) The therapeutic potential of psilocybin. *Molecules*, 26, 2948. doi: 10.3390/molecules26102948

Miller H (2001) The Story of Taxol: Nature and Politics in the Pursuit of an Anti-Cancer Drug. *Nature Medicine*, 7, 148. doi: 10.1038/84570

Rogers R (2011) *The Fungal Pharmacy: The complete guide to medicinal mushrooms and lichens of North America*. North Atlantic Books.

第十章　真菌科技与未来

以下是与本章内容有关的拓展参考信息。

Agrawal BJ (2017) Bio-stoning of denim: An environmental-friendly approach. *Current Trends in Biomedical Engineering & Biosciences*, 3(3), 45–47.

Hyde KD et al. (2019) The amazing potential of fungi: 50 ways we can exploit fungi industrially. *Fungal Diversity*, 97(1), 1–136.

Money NP (2015) Fungi and biotechnology. In: Watkinson et al., pp.401–424.

Niego et al. (2023) The contribution of fungi to the global economy. Fungal Diversity. doi.org/10.1007.s13225-023-00520-9

Schwan RF & Wheals AE (2004) The Microbiology of Cocoa Fermentation and its Role in Chocolate Quality, *Critical Reviews in Food Science and Nutrition*, 44(4), 205–221. doi: 10.1080/10408690490464104

Spooner B & Roberts P (2005) Food and technology. In: *Fungi*. Collins, pp.456–514.

The supermarket challenge: davidmoore.org.uk/assets/fungi4schools/Documentation/POSTERS/display_posters/Supermarket_challenge02.pdf

These posters offer information on supermarket products that contain fungi, chemicals produced by them, or are produced with the aid of fungi.

Wainwright M (2010). Amazing chemists. In: Boddy L & Coleman M, pp.83–91.

术语

贴生（adnate）
菌褶与菌柄连接处较宽。

附生（adnexed）
菌褶与菌柄连接处较细。

淀粉样蛋白（amyloid）
含有淀粉，如在一些真菌孢子中。

子囊菌（ascomycete）
有性孢子内生于子囊的真菌。

子囊孢子（ascospore）
子囊菌的有性孢子。

子囊（ascus, 复数 asci）
来自希腊语，意为皮革袋，指子囊菌子实体中含有孢子的微小囊泡。

担子菌（basidiomycete）
有性孢子外生于担子上的真菌。

担孢子（basidiospore）
担子菌的有性孢子。

担子（basidium，复数 basidia）
担子菌特有的细胞或器官。

活体营养生物（biotroph）
一种真菌，它获得的部分营养或全部营养与其他生物密切相关；它可能对其他生物有害或与其他生物互惠共生。

檐状菌（bracket）
类架状，是一种通常坚硬的担子菌的子实体，常见于立木和倒木上。

锁状联合（clamp connection）
一种在担子菌丝外部的短而向后指向的侧枝，从一个隔膜上的细胞延伸至另一侧的细胞。

同心（concentric）
圆的中心相同。

凸面状（convex）
弯曲的，向外凸起的。

菌索（cords/mycelial cords）
由线状的菌丝团形成的可见的细线状结构，常见从森林底层树木的叶子下方延伸而出。

钩状细胞（crozier cell）
位于子囊基部，形状像简单的钩状拐杖的细胞。

囊状体（cystidium, 复数 cystidia）
一种在担子菌类子实体中的细胞，形状通常独特，有助于鉴定真菌。

延生（decurrent）
菌褶向下延伸至茎部。

硅藻（diatom）
一种显微藻类。

外生菌根（ectomycorrhiza）
一种结构，由真菌与树木的细跟之间形成的一种共生关系形成。

椭球形（ellipsoidal）
类似椭圆或椭圆形。

凹生（emarginate）
菌褶长度大致相同，但在靠近茎部时突然变短。

内生菌（endophyte）
生存在植物内部的微生物。

真核生物（eukaryote）
其细胞是具有细胞核的任何生物，如植物、动物或真菌细胞。

渗出物（exudate）
从生物体中渗漏出的液体，如从菌丝、根或叶子中渗漏出的液体。

可育层（fertile layer）
子囊菌或担子菌类子实体的一部分，其中包含产生孢子的细胞。

絮状（floccose）
覆盖着羊毛状簇。

离生（free）
菌褶不与茎部连接。

子实体（fruit body）
一种多细胞（与单细胞相对）真菌结构，用于容纳、支持和保护产生性孢子的细胞，如蘑菇、杯状菌或檐状菌。

真菌（fungus，复数fungi）
不是植物、动物或细菌，而是真核生物界真菌的成员，如酵母、霉菌、蘑菇和地衣。

属（genus，复数genera）
生物学中使用的分类学术语；同一属中的生物在进化方面密切相关。真菌有两个词的学名：第一个是属名，第二个是种名。

菌褶（gills）
蘑菇帽下垂直排列的板状结构（菌肋），孢子在这些结构上产生。

子实层（hymenium）
见"可育层"。

菌丝（hypha，复数hyphae）
一种细分枝丝，在大多数真菌中被隔膜分成细胞或隔室，每个隔室宽度为一个细胞。

接种体（inoculum）
真菌的一部分，能够启动对死物质或活体的定殖。

地衣（lichen）
由藻类或蓝细菌细胞构成，生活在菌丝丝状体之间的生物。

肉眼可见（macroscopic）
用肉眼就能观察到。

代谢物（metabolite）
当生物分解食物时产生的任何化学物质。

游走（motile）
能够独立移动，如游泳。

蘑菇（mushroom）
某些类型真菌的肉质繁殖结构（子实体），通常生长在地面上或真菌菌丝体正在汲取养分的地方，如木材和落叶。

菌丝体（mycelium，复数mycelia）
形成大多数真菌体的菌丝网络。

真菌共生体（mycobiont）
地衣中的真菌伙伴。

囊盖（operculum）
子囊顶端有一个盖或盖子，会打开释放孢子。

纹饰（ornamentation）
装饰性元素，如疣。

侧丝（paraphyses）
子囊菌类子实体中类似毛发的菌丝丝状结构，分布在产孢子的子囊之间。

病原体（pathogen）
一种引起疾病的生物体。

子囊壳（perithecium，复数perithecia）
某些子囊菌类的烧瓶状子实体。

共生光合生物（photobiont）
地衣中的藻类或蓝细菌伙伴。

门（phylum）
生物分类的一个层级。

倒置（resupinate）
附着在基质上的扁平子实体。

根状菌索（rhizomorph）
形成坚硬结构的一条线状菌丝体，

通常呈深红色、棕色或黑色，外观类似于根。

菌核（sclerotium）
一种由菌丝团聚形成的真菌生存结构，具有厚实的保护外壳，有助于真菌在恶劣条件下生存。

隔膜（septum，复数septa）
一种横向隔板，通常在子囊菌和担子菌中将菌丝分隔成隔间或细胞；偶尔也会在其他真菌中产生。

弯生（sinuate）
菌褶末端呈缺口状，与菌柄部连接。

孢子（spore）
真菌的生殖细胞，相当于开花植物的种子。有两种类型：无性孢子，与亲代相同，可以在未交配的菌丝体上产生，有时也在已经交配的菌丝体上产生；有性孢子，含有来自两个亲本的基因混合，可以在交配后产生。

担孢子梗（sterigmata）
孢子在担子突出的结构上产生。

柄（stipe）
子实体的茎部。

基质（stroma，复数stromata）
一种坚硬的板状、球状或棒状的菌丝团，其中形成了某些子囊菌类的烧瓶状子实体。

子囊座（substrate）
真菌生长的基质。

分类学（taxonomy）
描述和命名生物，并将相关生物进行分组（对其进行分类）的科学。

伞菌（toadstool）
蘑菇状子实体的俗称。

近乎透明（translucent）
半透明，可以透过一些光线。

块菌（truffle）
即松露，由一些子囊菌和少数担子菌产生的位于地下、大致呈球状的子实体。

壳顶（umbo）
菌盖中心的圆形凸起。

疣状（verrucose）
孢子表面有疣状凸起。

菌托（volva）
一些伞菌柄基部的囊状结构。

真菌索引

血红小菇
Mycena haematopus

作者简介

　　琳恩·博迪（Lynne Boddy）是大英帝国员佐勋章获得者，英国卡迪夫大学真菌生态学教授。她撰写了300多篇科学文章，出版了3本关于真菌的学术著作，并编写了儿童读物《巨型菌》（DK）。她长期担任英国真菌学会会长，并因科学研究多次获得英国和其他地区科学协会颁发的奖项。琳恩还多次出现在广播和电视节目上，例如英国广播公司（BBC）的*Deep Down and Dirty*、*The One Show*、*Winter Watch*和英国第四频道的*Sunday Brunch*。

　　阿里·阿什比（Ali Ashby）是真菌生物学家，热衷于推广真菌科学，并致力于向全球各年龄段的人们传递她对真菌世界的迷恋。她曾是英国皇家学会大学研究员，在剑桥大学植物科学系研究真菌的有性繁殖和农作物的真菌病害。阿里是英国皇家生物学会（RSB）和英国真菌学会（BMS）的成员；也是英国真菌学会理事会成员和BMS真菌教育与推广委员会主席，她在英国真菌日（UK Fungus Day）的创建中发挥了重要作用，该活动每年都在英国各地举办。她积极参与真菌学科普工作，最近还撰写了《解析我们身边的真菌》（*Unravelling the Fungus Among Us*）一书。

喇叭菌
Craterellus cornucopioides

致谢

作者们感谢在其职业生涯中一同探讨真菌的众多人士。正是通过与同事、朋友、学术界、教育工作者、商业伙伴、学校和公众的多次交谈，他们才意识到原来人们对真菌王国那么着迷和好奇。在某种程度上，他们编写这本书的动机正是为了满足大众这种广泛的好奇心。作者们还要感谢家人给予的支持，尤其是他们对书中内容提出的建议——其中有趣的主题实在太多了，因此选择哪些主题也是一个巨大的挑战！

作者们感谢许多同事分享了图片，这些图片为插图画家提供了绘制插图的基础信息，此处特别感谢 Vat O'Reilly 和 First Nature。作者们还要感谢 Thomas Lhesssc 和 Jens H. Petersen，他们的《温带欧洲真菌》（*Fungi of Temperate Europe*）卷册内容丰富，本书第六章的真菌构成就是以该卷册为基础的。作者们还要感谢 DK 编辑团队在处理问题时的不懈努力和耐心，感谢 Alice 和 Jane 出色的编辑工作、Vicky 精湛的页面设计、在遇到挑战时 Barbara 和 Sophie 的理解和决断以及他们对工作流程的专业把控，还有插图画家 Stuart、Aman 和 Dan，是他们创作了精彩的绘画，让本书更加饱满、更具参考性。

最后，作者们还要感谢 Rich Wright 校对了有关识别特征的部分文本，并在全球真菌物种数据库网站（Species Fungorum）上核对了最新的真菌物种名；感谢 Kevin Newsham 关于北极和南极真菌的建议；感谢 Peter Crittenden 关于地衣的建议；感谢 Paul Kirk 提供了真菌物种命名数量的最新信息。

DK致谢

作为出版商，Dorling Kindersley感谢Dawn Titmus提供的编辑协助、Katie Hewett进行的校对工作、Ruth Ellis编制的索引以及Amy Cox、Louise Brigenshaw和Marianne Markham的专业设计。

图片来源

出版商衷心感谢以下机构和个人慷慨允许使用其插图和照片：
(Key: a–above; b–below/bottom; c–centre; f–far; l–left; r–right; t–top)
Ali Ashby: 173; **Aman Sagoo:** 1, 2, 4, 6, 8, 10, 20, 22, 25, 34, 38, 40b, 47, 48, 52, 57, 58, 64, 66, 70 – 71, 76 – 77, 78 – 79, 83, 85, 86, 96, 102 – 103, 104, 107, 108 tr, 108tl, 110 – 111, 112, 114, 116, 118 – 119, 121, 124, 127, 128, 130 – 131, 132, 135, 137, 138, 141, 143, 144, 147, 148, 153, 155, 157, 159, 160, 163, 165, 167, 170, 174tr, 174br, 178, 214, 217, 219, 221, 225, 228, 231, 232, 237, 240, 243, 245, 246, 248, 250, 251, 261t, 264, 269, 270, 281; **Dan Crisp:** 180, 182, 183, 184, 185, 186, 187, 188, 190, 191, 192, 194, 195, 196, 198, 200, 201, 202, 204, 205, 206, 208, 209, 210, 212, 213; **Getty Images:** Corbis Historical / Photo Josse / Leemage 235; **Science Photo Library:** Richard Bizley (adapted from) 29tr; **Stuart Jackson-Carter:** 117, 19, 27, 29, 37, 40t, 40l, 43, 45, 50 – 51, 55, 63, 68, 69, 72 – 73, 75, 81, 89, 92, 95, 101, 108b, 122, 151, 171, 174tl, 174bl, 177, 223, 227, 252, 253, 257, 259, 261bl, 261br, 267, 275, 277, 279
All other images © Dorling Kindersley

参考文献

43 Dowson, Christopher & Rayner, Alan & Boddy, Lynne. (1986) Outgrowth Patterns of Mycelial Cord–forming Basidiomycetes from and between Woody Resource Units in Soil. *Microbiology*–sgm. 132. 203–211. 10.1099/00221287–132–1–203. Adapted from Fig. 2, p.206.

55 Courtesy of Prof. Dr Meike Piepenbring

108 Vellinga, EC, Wolfe, BE and Pringle, A (2009) Global patterns of ectomycorrhizal introductions. *New Phytologist*. 181: 960–973. https://doi.org/10.1111/j.1469–8137.2008.02728.x. Adapted from Fig. 3 (map).

151 Oliveira Fiuza, Patrcia & Cantillo, Taimy & Gulis, Vladislav & Gusmao, Luis. (2017) Ingoldian fungi of Brazil: Some new records and a review including a checklist and a key. *Phytotaxa*. 306. 171 – 200. 10.11646/phytotaxa.306.3.1. Adapted from Fig. 4.

177 Kirk, PM, Cannon, PF, Minter, DW & Stalpers, JA (2008) *Dictionary of the Fungi*, 10th edition. Wallingford: CABI Publishing. ISBN–10: 0851998267, ISBN–13: 978–0851998268. Reproduced with permission of the Licensor through PLSclear. Adapted from Fig. 10A p.81, and Fig. 14 p.189.

177 Redrawn from Moore, D, Robson, GD & Trinci, APJ (2020). *21st Century Guidebook to Fungi*, 2nd Edition. See p.576. Cambridge, UK: Cambridge University Press. ISBN: 9781108745680 (Basidium B).

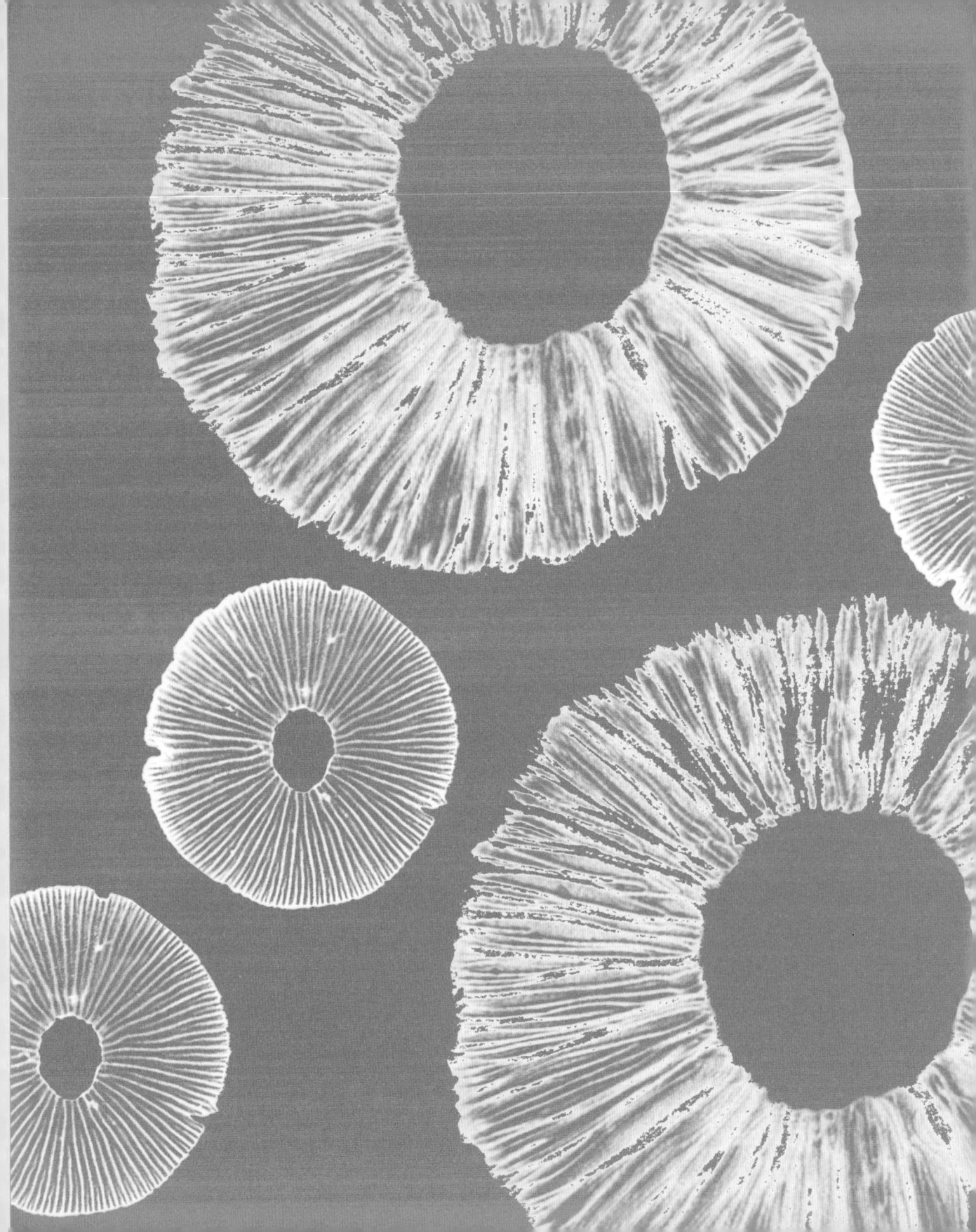